Das Oster-Bastelbuch

Das OSTER-Bastelbuch

100 Bastelideen mit
Vorlagen in Originalgröße

Gondrom

INHALT

PAPIERSCHMUCK

Ostereier

Frühlingsblumen

Vorwort

Daß Umweltschutz ein existentielles, vorrangiges Anliegen ist, wissen mittlerweile die meisten. Daß wir alle im großen und im kleinen dazu beitragen können, ist auch bekannt. Häufig scheitern die besten Absichten an Unkenntnis und althergebrachten Verhaltensmustern. Umweltverhalten wird wie alles Verhalten im wesentlichen in der Kindheit gelernt. Damit Hansemann weiß, auf was es beim Schutz der Umwelt ankommt, sollte Hänschen früh mit dem Üben anfangen. Elternhaus, Kindergarten und Schule kommen hier besondere Bedeutung zu. Im Malen, Zeichnen, Basteln erleben Kinder ihre (Um)Welt, objektivieren ihre Erfahrungen. Was liegt näher, als die kindliche Entdeckungsfreude in diesem Bereich umwelterzieherisch zu nutzen.

Kreatives Gestalten und Umweltschutz in Einklang zu bringen ist auch wesentliches Ziel des vorliegenden Oster-Bastelbuches.

Bei den gängigen Materialien aus Papier und Karton ist dies mittlerweile fast durchweg möglich. Bis auf wenige Spezialpapiere, die sparsam eingesetzt werden können, gibt es die wesentlichen Bastelpapiere wie z. B. Tonpapiere, Foto- und Bastelkarton in vielen leuchtenden Farben aus 100% Altpapier. Zu Hause, im Kindergarten, in der Schule fallen das ganze Jahr über Dinge an, die es lohnt zu sammeln. Denn viele der Bastelvorschläge lassen sich bereits mit Resten von verschiedenen (Bastel)Papieren, Tapeten, Verpackungen, Geschenkbändern, Gebäckdosen, getrockneten Blüten und Pflanzen etc. ganz oder teilweise realisieren.

Nutzen Sie die Möglichkeiten, mit einfachen, umweltfreundlichen Materialien nette österliche Dekorationen und Geschenke zu basteln.

In der Frühlings- und Osterzeit nimmt das Verzieren und Färben von Eiern von jeher großen Raum ein. Das Oster-Bastelbuch veranschaulicht verschiedene Färbemöglichkeiten und -techniken im Umgang mit herkömmlichen Hobbymal- und Naturfarben. Auch wenn die Farben, die für Schule und Kindergarten von Markenfirmen zwischenzeitlich angeboten werden, im wesentlichen unproblematisch sein dürften, so ist doch bei einigen Hobbymalfarben, den sogenannten Künstlerfarben, noch Vorsicht angebracht. Schwermetalle, Lösemittel, Konservierer können Gesundheit und Umwelt belasten. Ausführliche Hinweise, mit Farben aus natürlichen Rohstoffen zu experimentieren, sie selbst herzustellen und schöpferisch anzuwenden, verweisen auf die Vorteile dieser gesundheits- und umweltschonenden Alternative. Im Sammeln der Färbe- und Dekorpflanzen können Sie gemeinsam mit Kindern ein Stück weit Natur bewußt entdecken.

Im sparsamen Umgang mit umweltfreundlichen Materialien (z. B. Recyclingprodukten), ihrer mehrfachen Verwendung und in der Getrenntsammlung nicht mehr brauchbarer Bastelreste (Papiercontainer, Kompostierung) tragen bereits auch die Kleinsten aktiv zur Müllreduzierung, Rohstoff- und Energieeinsparung bei. Ein wichtiges pädagogisches Ziel angesichts der Konsum- und Wegwerfmentalität unserer Gesellschaft.

In diesem Sinne wünschen wir viel Spaß und Kreativität bei der Verwirklichung der Bastelideen. Der „grüne Frosch" gibt zusätzlich hilfreiche Tips dazu.

ÖKO-TEST MAGAZIN

Ingrid Bader
ÖKO-TEST/Ökologische Verbraucherberatung e.V.

Umweltlexikon

FARBEN

Aquarellfarben
Aquarellfarben sind Wasserfarben mit lasierender Wirkung. Sie zeichnen sich durch geringeren Pigmentgehalt, aber hohe Farbkraft aus. Im Gegensatz zu den Deckfarben sind sie darauf angelegt, den Malgrund durchscheinen zu lassen. Der Handel bietet „CE"-ausgezeichnete Aquarellfarben an.

Blei- und Farbstifte
Auch Blei- und Farbstifte spielen beim Basteln eine wichtige Rolle. Bleistiftminen sind ungiftig, sie enthalten kein Blei, sondern bestehen aus Graphit, Ton, Wachsen und Fetten. Bei den Farb- oder Buntstiften kommen noch die Farbstoffe dazu. Dabei ist Vorsicht bei Billigmarken besonders aus Fernost geboten, diese können stark schwermetallbelastet sein. Deutsche Marken gelten als unproblematisch, insbesondere wenn sie „CE"-gekennzeichnet sind. Dies gilt für Minen und Lackierung. Am umweltverträglichsten sind Stifte aus unlackiertem, möglichst einheimischem Holz (z. B. Buche). Stiftverlängerer tragen zu sparsamerem Verbrauch bei.

Filzstifte
Filzstifte können gesundheitsschädliche Lösungsmittel, Konservierer und Farbstoffe, die Plastikhüllen PVC enthalten. Deshalb sollte beim Einkauf darauf geachtet werden, daß die Filzstifte aus Lebensmittelfarben oder Farben auf Wasserbasis sowie Lebensmittelkonservierern bestehen.
Filzstifte sollten immer sorg- und sparsam verwendet werden; schnell leergemalt oder ausgetrocknet, vergrößern sie den Plastikmüllberg.

Fingerfarben
Wie die Filz- und Wachsmalstifte sind auch Fingerfarben gemäß der Euro-Norm unbedenklich. Empfehlenswert sind insbesondere Fingerfarben, die den Hinweis tragen: „Entspricht der freiwilligen Vereinbarung über Fingermalfarben 1987". Das bedeutet, daß Farb- und Konservierungsstoffe ausgewählt wurden, die für Lebensmittel und Kosmetika zugelassen sind. Um zu verhindern, daß die Farben in den Mund genommen werden, sind Bitterstoffe zugesetzt. Zudem liegen die Schwermetallwerte noch weit unter der Euro-Norm.

Lebensmittelfarben
Herkömmliche Ostereiermalfarben bestehen in der Regel aus Lebensmittelfarbstoffen. Lebensmittelfarben sind für viele Anwendungsbereiche eine umweltfreundlichere und ungiftigere Alternative zu den herkömmlichen Farbstoffen. Einige von ihnen (E 102 gelb, E 161 orange und E 180 rot) gelten als stark allergisierend, andere lösen gelegentlich Allergien aus. Genauere Informationen finden Sie im ÖKO-TEST-Sonderdruck der E-Nummern-Liste.

Ölfarben
Künstler-Ölfarben sind pigmenthaltige Anstrichmittel, deren Bindemittel aus trocknenden pflanzlichen Ölen (z. B. Leinöl) besteht (reine Ölfarben). Harz-Ölfarben sind als Filmbildner zusätzlich Harze, gelöst in Terpentinöl (Balsamterpentinöl) oder in Testbenzin (Terpentinersatz), beigegeben. Als Verdünnungsmittel können ätherische Öle (Balsamterpentinöl) oder Terpentinersatz eingearbeitet werden.
Aufgrund seines hohen Preises ist Terpentinöl als Lösungsmittel im wesentlichen in den Farben der Naturfarbenhersteller eingesetzt.
Weiter verbreitet ist Terpentinersatz, der allerdings gefährliche Dämpfe entwickeln kann. Er enthält u. a. Toluol und Xylole. Ölfarben enthalten zudem oft Schwermetalle und trocknen nur langsam.
Kinder sollten insbesondere mit diesen Farben nur unter Aufsicht malen. Während der Malarbeiten sollte generell auf eine gute Durchlüftung geachtet werden. Auch wenn Sie Naturharz-Ölfarben aus dem Bioladen verwenden, sollten Sie berücksichtigen, daß empfindliche Menschen im Einzelfall sensibel auf die ätherischen Öle reagieren können.
Herkömmliche Ölfarbe gibt es auch wasserverdünnbar, dies hat den Vorteil, daß während der Verarbeitung weitere chemische Hilfsmittel entfallen können.

Pflanzenfarben
Pflanzenfarben sind mittlerweile Bestandteil einiger Kindermalprogramme herkömmlicher Markenfabrikanten oder Naturfarbenhersteller. Sie enthalten Pflanzenfarbenpigmente (Färberwau, Krappwurzel, Brennessel, Indigo usw.) in pflanzlichen Bindemitteln. Diese Farben sind einzeln oder im Set erhältlich. Sie sind in der Regel schadstoffgeprüft, „CE"-gekennzeichnet und empfehlenswert.
Färbebäder können auch selbst hergestellt werden. Dazu eignen sich Blätter (Brennessel, Reseda-Wau, Eiche), Blüten (Kamille, Tagetes), Wurzeln (Krapp, Rhabarber) und Früchte (Walnußschalen). Abgeschält, getrocknet oder frisch geschnitten, pulverisiert, sind die Farbbäder in der Regel problemlos zuzubereiten, die Rohstoffe einfach zu bekommen (Naturwarenhandel, Apotheke). Einige Zutaten befinden sich im Haushalt (alt gewordener Kaffee oder Tee, Zwiebelschalen), andere lassen sich in der Natur finden (Kamilleblüten, Brennessel). Daheim, in der Schule, im Kindergarten bieten sich zudem häufig Möglichkeiten, eigene Färbepflanzengärten anzulegen. Im Handel erhältlich sind auch Färbehölzer (Blauholz, Gelbholz, Rotholz, Sandelholz), die zwar sehr schön färben, aber von tropischen Bäumen stammen. Da die wesentlichen Farben auch mit einheimischen Rohstoffen zu erzielen sind, raten wir von den Exoten ab.
Der Umgang mit Naturfarben bietet viele Vorteile. Von Anfang an ist bekannt, mit welchen (gesundheits- und umweltverträglichen) Stoffen gearbeitet wird. Durch die Chemiefarben verdrängtes Wissen zur Farbenlehre (Herkunft und Wirkung) wird wieder aktiviert. Im Gegensatz zur immer gleichen, monochromen Chemiefarbe entstehen bestimmte Farbtöne spielerisch und experimentell, sie hängen ab von der Färbedauer, der Temperatur sowie der Oberflächenstruktur des Färbegegenstandes. Unterschiede in den Schattierungen des einzelnen Farbtons werden verstärkt wahrgenommen.
Erfahrungen im Malen mit Pflanzenfarben belegen zudem ihre kreative Kompetenz, selbst kleinere Künstler werden animiert, weniger nach Anleitung oder Schablone zu werken, sondern der eigenen, schöpferischen Pinselführung zu folgen.

Tempera-(Plakat-)farben
Mit Tempera-(Plakat-)farben lassen sich leuchtende Oberflächen erzielen. Sie können aber Schwermetallpigmente und zum Teil problematische Lösungs- und Konservierungsmittel enthalten. Beachten Sie deshalb Malfarben auf Wasserbasis, deren Farben und Konservierer aus dem Lebensmittel- bzw. Kosmetikbereich kommen.

Wachsmalstifte
Wachsmalstifte in einer Papier- statt Plastikumhüllung tragen zur Müllreduzierung bei. Sie sollten aus Bienenwachs und Kaolin (Porzellanerde) als Füllstoff bestehen, welches mit Lebensmittel- oder Kosmetikfarben eingefärbt ist.

Wasser-/Deckfarben
Hierbei handelt es sich um Malfarben mit wasserlöslichen, ölfreien, leimartigen Bindemitteln, die sich durch einen relativ hohen Pigmentgehalt auszeichnen (Deckfarben).
Untersuchungen des Schwermetallgehalts von Wasserfarben haben ihre Unbedenklichkeit bewiesen. Achten Sie sicherheitshalber aber auf das „CE"-Zeichen. Empfehlenswert sind Farbkästen aus Metall, die Farben zum Nachfüllen enthalten.

GÜTESIEGEL

Spielwaren und Produkte, die für Kinder hergestellt werden, müssen in der Bundesrepublik seit 1991 der Euro-Norm EN 71/3 entsprechen. Diese verbietet u. a. den Einsatz von schwermetallhaltigen Farbpigmentierungen, fordert speichelfeste Farben und Lacke, begrenzt den Weichmacheranteil unter 50 % bei Kunststoffmaterialien und schreibt Sicherheitsgrößen gegen die Gefahr des Verschluckens vor.

Umweltengel
Seit 1977 vergibt das Umweltbundesamt den „Blauen Engel" für Produkte, deren Umweltbilanz günstiger ausfällt als die vergleichbarer Gegenstände.
Auch wenn die Bewertungskriterien nicht immer umfassend genug erscheinen, so bieten „CE"-Auszeichnung und „Blauer Engel" aber in vielen Bereichen dennoch wichtige Anhaltspunkte für den gesundheits- und umweltbewußten Einkauf.

KLEBSTOFFE

Durch einen hohen Lösemittelanteil können Kleber Umwelt und Gesundheit schädigen. Da wasserlösliche Klebstoffe auf Naturstoffbasis (z. B. Naturkautschukmilch) für die meisten Bastelarbeiten ausreichend sind, sollten Sie auf lösemittelhaltige Klebstoffe, insbesondere Spezial-, Zweikomponenten- und Sekundenkleber, ganz verzichten.

PAPIERE

Viele Papiere, die sich für Bastelarbeiten eignen, werden mittlerweile aus 100% Altpapier angeboten. Bei der Herstellung von Umweltschutzpapier (UWS) und Recyclingpapier (RP) werden neben Rohstoffen auch Energie und Wasser gespart. Zudem trägt ihr Gebrauch zur Abfallverringerung bei.
Tonpapier, Fotokarton und Tonzeichenpapier werden in breiter und brillanter Farbpalette als Recyclingprodukte aus 100% Altpapier angeboten. Schreib- und Malpapier ist in UWS-Qualität erhältlich und für die meisten Arbeiten ausreichend.
Auch Geschenkpapier gibt es inzwischen in großer Auswahl in Altpapierqualität. Produkte aus 100% Altpapier sind am „blauen Umweltengel“ zu erkennen.
Spezialpapiere, wie z. B. Transparentpapier, Buntpapier, Marmorierpapier, gibt es bislang nicht als Recyclingprodukte.
Wenn keine Alternativen (Illustrierte, umweltfreundlichere Papiersorten) möglich sind, sollten diese Papiere mehrfach und besonders sparsam verwendet werden.

RÜCKSTANDSBESEITIGUNG

Alle Materialien, die erst gar nicht „entsorgt“ werden müssen, sind am umweltverträglichsten. Deshalb sollte von vornherein auf sparsamen, mehrfachen Gebrauch geachtet werden.
Insbesondere Kunststoffe und Alufolie sollten vermieden werden. Herstellung und Recycling sind rohstoff- und energieaufwendig, zum Teil gibt es keine umfassenden Recyclingmöglichkeiten.
Papier, Glas und Metalle sollten getrennt gesammelt und dem Recycling zugeführt werden.
Kleber, Farben und Lacke sollten vor Austrocknen geschützt und nach Möglichkeit aufgebraucht werden; teilweise handelt es sich um Sondermüll, der nicht in den Hausmüll gehört.
Naturmaterialien (Reste von Pflanzen, Früchten, Hölzern, Eierschalen usw.) können kompostiert werden.

Papierschmuck

Häschen baut ein Nest

MATERIAL
Fotokarton: glatt ($300\ g/m^2$), Format ca. DIN A3
Pauspapier
Buntpapierreste: Gelb, Rot und Orange
Tonpapier: Gelb
Kreppapierreste: Grün

HILFSMITTEL
Cutter, Silhouettenschere, Bleistift, Lineal, Klebstoff

AUSFÜHRUNG

Auf dem Fotokarton ein Rechteck von 34 cm Breite und 21 cm Höhe zeichnen. Das Rechteck durch einen

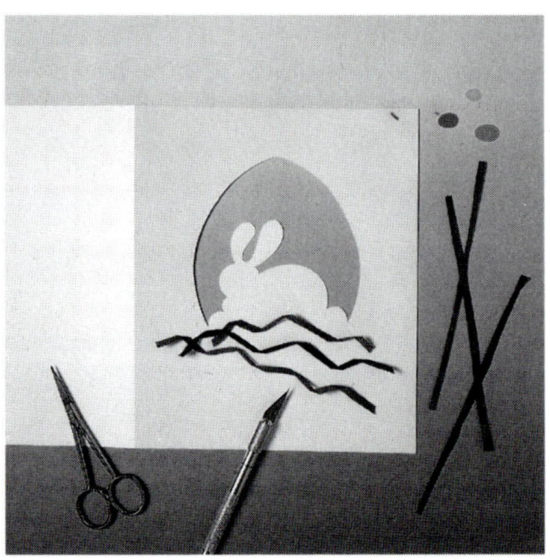

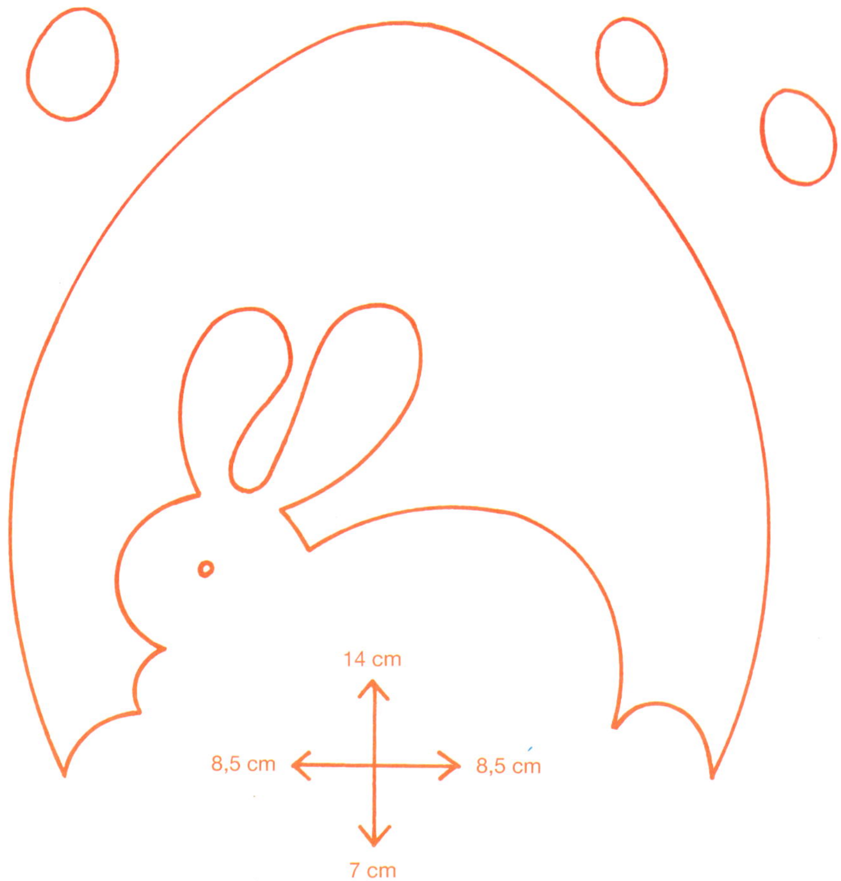

Öko-Tip

Klebstoff
Wasserlöslicher Kleber auf Naturstoffbasis ist für die meisten Bastelarbeiten ausreichend.
Bastelpapier
Tonpapier, Foto- und Bastelkarton gibt es mittlerweile in breiter Farbpalette aus 100 % Altpapier.

ÖKO-TEST MAGAZIN

angeritzten Mittelbruch halbieren, so daß die Karte zusammengeklappt das Format 17 cm Breite und 21 cm Höhe aufweist. Das Hasenmotiv von Seite 12 standrichtig auf das Kartenvorderteil übertragen. Das Motiv mit der Silhouettenschere oder noch besser mit einem Graphikermesser herausarbeiten. Aus schmalen grünen Streifen Kreppapier Osterwolle schneiden und aufkleben. Aus Buntpapier verschiedene Eierformen schneiden und ebenfalls aufkleben. Die dritte Kartenseite ganzflächig mit gelbem Tonpapier bekleben und die Karte im Mittelbruch falzen.

Tanzendes Hasenpaar

MATERIAL
Fotokarton, glatt, 300 g/m², Format ca. DIN A2
Pauspapier
Buntpapier: Ocker, Orange, Braun, Blau
grüne Osterwolle aus Papier

HILFSMITTEL
Bleistift, Cutter, Lineal, Silhouettenschere, Zirkelnadel, Klebstoff

VORLAGE
Motiv 1, Seite 112

ÖKO-TIP
Lineale aus einheimischem, unbehandeltem Holz sind empfehlenswert.

ÖKO-TEST MAGAZIN

AUSFÜHRUNG
Motiv von der Vorlage auf Fotokarton übertragen, dazu den rückseitigen Klappkartenteil an den Pfeilen bzw. am gestrichelten Mittelfalz ergänzen, so daß eine deckungsgleiche Aufstellkarte entsteht. Die geraden Konturen und die Falzlinien können mit einem Cutter und Lineal geschnitten bzw. angeritzt werden, die Rundungen werden ebenfalls mit dem Cutter nachgeschnitten. Teile wie Kopf, Schürze, Hände etc. auf die Buntpapiere übertragen, ausschneiden und auf das Hasenpaar kleben.
Kanten behutsam falzen, eventuell dabei ein angelegtes Lineal zu Hilfe nehmen und die Figuren dreidimensional herausarbeiten. Karte aufstellen und die Körbchen mit Osterwolle dekorieren. Beidseitig gestaltet, eignet sich die Karte auch gut als Dekoration für den Ostertisch.

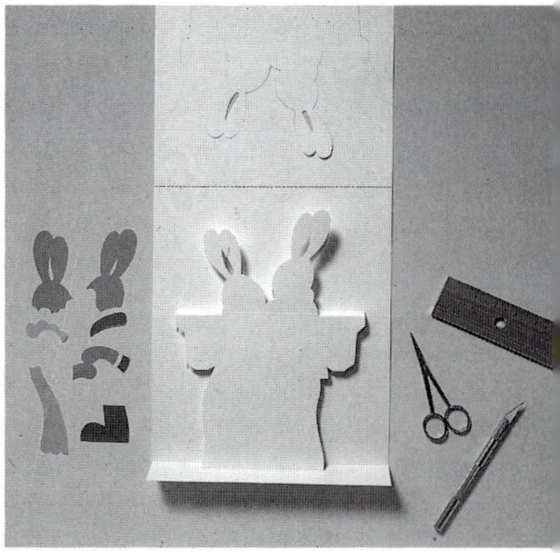

Ostergrüße

MATERIAL
Briefkarten oder Fotokarton:
Gelb, Orange, Rot und Hellgrün
Tonpapier:
Gelb, Rot, Orange, Braun, Hell- und Dunkelgrün, Hell- und Dunkelblau, Pink und Schwarz (teilweise genügen Reste)
Schreibmaschinenpapier: Weiß

HILFSMITTEL
Bleistift, Schere, Cutter, Klebstoff

VORLAGEN
Motive 2 - 37, Seiten 112 - 113

AUSFÜHRUNG
Die einzelnen Motive auf Tonpapier übertragen, die Teile ausschneiden und der Abbildung entsprechend auf selbstgefertigte Klappkarten aus Fotokarton oder auf Briefkarten aus dem Schreibwarenhandel kleben. Nach dem Trocknen des Klebstoffs einen Teil des Umrisses entlang der Motivaußenkante sorgfältig ausschneiden.

Frohe
Ostern
Liebe Sophie

Blumengruß

MATERIAL
Tonpapier: Lila, Grün
weiße Tortenspitzen
Faltpapierreste

HILFSMITTEL
Schere, Bleistift, Klebstoff

VORLAGEN
Motive 38 - 42, Seite 114

AUSFÜHRUNG

Vase und Blätter im Faltschnitt aus grünem Tonpapier ausschneiden. Für die Blüten Reste von Faltpapier verwenden. Die Motive dieser Karte öffnen sich von hinten nach vorn.

Variante

Wenn Sie die Lieblingsblumen des Empfängers kennen und wissen, welche Farben er bevorzugt, könnten Sie diese berücksichtigen.

Das Prinzip von Pop-up Karten

Die Motivteile lassen sich mit den Karten zusammenklappen und richten sich beim Öffnen wieder auf. Die Karten wirken dadurch räumlich und plastisch.
Für die Klappkarten können Sie weiße oder farbige, in der Mitte gefaltete, also doppelte Briefkarten nehmen. Oder Sie fertigen sich selbst solche Karten aus Tonpapier an. Das vorbereitete Papier wird in der Mitte längs gefaltet. Diese Faltlinie ist immer die Bezugslinie für das Motiv.
Die Maße der Karten sind in der Regel folgende: Länge ca. 22 cm, Breite ca. 20 cm (gefaltet auf 10 cm).
Den vorbereiteten Motivstreifen unten der Länge nach ca. 1cm umfalten (Klebefalz), die Mitte durch den Mittelfalz bestimmen und an dieser Stelle bis zum Längsfalz einschneiden. Diese Einschnitt stelle überlappend zusammenkleben. Den Klebefalz mit Klebstoff bestreichen und auf die Markierungspunkte der Kart kleben. Die Einschnittstelle muß genau auf dem Mittelbruch der Karte liegen.

ÖKO-TIP

Papierreste sollten getrennt gesammelt, nach Möglichkeit mehrfach benutzt und dann zum Altpapier gegeben werden.

ÖKO-TES

Tischkärtchen & Eierbecher

Wer würde sich nicht über eine solche Tischdekoration freuen? Kleine Gäste lassen sich gerne mit einer persönlichen Tischkarte überraschen.
Die Motive sind auch für Geschenkanhänger geeignet.

MATERIAL
Tonpapier:
Braun, Gelb, Weiß, Schwarz, Blau und Grün
Tapetenrest:
Weiß

HILFSMITTEL
Schere,
Bürolocher,
Bleistift,
Klebstoff

VORLAGEN
Motive 43 - 53,
Seiten 114 - 115

AUSFÜHRUNG

Die Motive abpausen, auf doppelt gelegtes Tonpapier übertragen und ausschneiden. Die Hasen und das Küken nach der Abbildung ausgestalten. Bei der Wiese und dem Ei darauf achten, daß Sie das Papier an den seitlichen Spitzen nicht durchschneiden. Zwischen diese Teile Hase und Küken kleben. Sie können Wiese und Ei etwas aufklappen, dann bleiben die Tischkarten stehen. Den Eierbecherhasen an den vorderen Enden oben und unten einschneiden. Beachten Sie dabei die in der Vorlage markierten Einschnittstellen. Diese Einschnitte ineinanderstecken.

Eierbecher Hühnchen

AUSFÜHRUNG
Messen Sie den Umfang Ihrer eigenen Eierbecher aus, und schneiden Sie danach die "Wiese" in der Länge so zu, daß sie zusammengeklebt ohne Schwierigkeiten über den Eierbecher paßt. Damit sich die Wiese besser zusammenkleben läßt, den Streifen ein paarmal über den Daumen rollen. Aus dem doppelt gelegten gelben Tonpapier einige Hühnchen ausschneiden. Mit dem roten Farbstift beidseitig Kämme, Schnäbel und Augen aufmalen und die Hühnchen gut verteilt von innen an die Wiese kleben.

MATERIAL
Tonkarton: Grün
Tonpapier: Gelb (es genügen Reste)

HILFSMITTEL
Bleistift, Schere, roter Farbstift, Klebstoff

VORLAGEN
Motive 54 - 57, Seiten 114 - 115

ÖKO-TIP
Bleistifte und Buntstifte aus unlackiertem Holz sind empfehlenswert.

ÖKO-TEST MAGAZIN

☛ Natürlich ist diese Dekoration auch für andere Gefäße geeignet. Zum Beispiel für eine größere Schale, in der ein großes Osternest versteckt wird - nicht nur für kleine Kinder.

Osterüberraschung und Frühlingszweige

MATERIAL

Für Hase und Küken (zum Teil genügen Reste):
Tonpapier:
Gelb, Orange, Rot, Braun, Schwarz und Grün
Schreibmaschinenpapier: Weiß
Für die Bäumchen:
Zweige
Faltpapier:
Gelb, Pink und Grün

HILFSMITTEL

Schere, Bleistift, Klebstoff

VORLAGEN

Motive 58 - 64,
Seiten 114 - 115

AUSFÜHRUNG

Die Osterkörbchen vom Vorlagenteil übertragen und ausschneiden, falten und zusammenkleben. Die Ausgestaltungselemente auf beiden Seiten anbringen. Sie können die Geschenkkörbchen mit kleinen Überraschungen füllen.
Für die Frühlingszweige viele kleine Blüten und Blätter aus dünnem Faltpapier ausschneiden. Die Anzahl richtet sich nach der Größe des Zweiges, den Sie schmücken wollen. Die gelben Blüten bestehen aus gleichschenkligen Dreiecken: Die zwei sich gegenüberliegenden Spitzen zum dritten Eckpunkt hin falten (siehe Skizze im Vorlagenteil).

ÖKO-TIP

Verwenden Sie Schreibmaschinen- und Malpapier aus Altpapier !

Osterkörbchen, Eierbecherhahn und -henne

MATERIAL
Fotokarton:
Weiß
Tonpapier: Rot,
Gelb, Orange,
Blau, Grün und
Braun
eine ovale
Käseschachtel

HILFSMITTEL
Schere, Cutter,
Bleistift,
Klebstoff

VORLAGEN
Motive 65 - 76,
Seiten 116 - 117

AUSFÜHRUNG
Der Grundkörper des geflochtenen Körbchens besteht aus einer ovalen Käseschachtel. Die Länge der 2 cm breiten, gelben Querstreifen richtet sich nach dem Schachtelumfang. Die braunen Längsstreifen mit den Maßen 2 x 16 cm nach der Skizze im Vorlagenteil falten. Aus Quer- und Längsstreifen ein Band flechten, dabei die Teile mit Klebstoff fixieren, die Bandlänge der Schachtel anpassen. Der Henkel wird aus einem gelben und einem braunen Tonpapierstreifen zusammengeklebt.
Die Ausführung ist bei beiden Eierbechern dieselbe. Nachdem alle Teile ausgeschnitten sind, zuerst die weißen Körper an den bezeichneten Klebestellen zusammenfügen und die grünen Grasstreifen aufkleben. Die Flügelpaare nach den Faltlinien falten, die inneren Schwanzfedern mit dem Cutter einschneiden. Flügel und Schwanzfedern versetzt, Kamm und Augen deckungsgleich auf beide Körperseiten kleben.

Has, Has, Osterhas . . .

MATERIAL
Tonpapier:
Hell- und Dunkelbraun, Grün, Rot, Blau und Gelb
Geschenkpapierreste

HILFSMITTEL
Schere, Bürolocher, Bleistift, Klebstoff

VORLAGEN
Motive 77 - 81, Seite 116

AUSFÜHRUNG

Diese Hasen werden in der Reihenschnittechnik ausgeschnitten. Einen braunen Tonpapierstreifen zuschneiden, dessen Breite der Höhe des Hasen entsprechen muß. Die Länge des Streifens bestimmen Sie, indem Sie die Breite des Hasen sechs- bzw. achtmal an einem Ende beginnend auf dem Streifen abtragen. Geben Sie an einem Ende 1 cm für die Klebelasche zu. Den Streifen wie eine Ziehharmonika falten. Den Hasen auf die oberste Lage zeichnen und zunächst drei (bzw. vier) Lagen gleichzeitig ausschneiden. Für den nächsten Schnitt den Hasen erneut aufzeichnen und die restlichen Lagen ausschneiden. Aus grünem Tonpapier die Wiese ebenfalls in Reihenschnittechnik ausschneiden. Diese muß in Länge und Breite dem Hasenband entsprechen. Die Wiesenstreifen unterhalb der Hasen ankleben. Die Ostereier aus Ton- oder Geschenkpapierresten ausschneiden und verstecken, wie auf der Abbildung zu sehen.

☛ Das Hasenband eignet sich auch als Fensterschmuck. Die Hasenreihe kann durch Hinzufügen weiterer Reihen beliebig verlängert werden. Wenn Sie den Reihenschnitt bis auf ein Paar verkürzen und die Häschen als Verzierung von Tisch- oder Ostergrußkarten aufkleben, haben Sie eine weitere Variante.

ÖKO-TIP

Auch Geschenkpapier gibt es in großer Auswahl in UWS-Qualität.

Osterlamm und Tischband

MATERIAL
Bristolkarton:
Weiß
Strukturtapete:
Weiß (Reste)
Tonpapier:
Gelb, Hell- und
Dunkelgrün
Tonpapierreste
für Augen und
Maul: Braun,
Schwarz
ovale
Käseschachtel,
gelbes
Geschenkband

HILFSMITTEL
Schere, Bleistift,
Klebstoff

VORLAGEN
Motive 82 - 93,
Seite 117

AUSFÜHRUNG
Für das Lamm zwei Schablonen aus Bristolkarton herstellen und die Umrisse auf die weiße Strukturtapete übertragen. Beim Aufzeichnen darauf achten, daß Sie die Lammschablone einmal nach rechts und einmal nach links schauend legen. Die Teile aus Strukturtapete deckungsgleich auf die Kartonschablonen kleben. Beide Lammteile um einen Käseschachtelboden kleben, von der Stirn abwärts dünn mit Klebstoff einstreichen und zusammenkleben. Ohren einschneiden und einen flachen Kegel formen, sie werden wie Augen und Maul beidseitig angebracht. Geschenkband um den Hals zu einer dekorativen Schleife binden.
Für das Tischband aus hellgrünem Tonpapier mehrere 50 cm lange und 2 cm breite Streifen schneiden. Je zwei Streifen werden wie Hexentreppen gefaltet (siehe Zeichnung), zum Kreis geschlossen und festgeklebt. Jeden Kreis mit einer Blüte aus weißer Strukturtapete und gelbem Tonpapier versehen. Blätter aus dunkelgrünem Tonpapier ausschneiden. Blumen und Blätter im Wechsel auf einem verstärkten Tonpapierstreifen befestigen; dessen Länge richtet sich nach der Anzahl der Blumen. Dazu passen einzelne Blumensträußchen als Serviettendekoration.

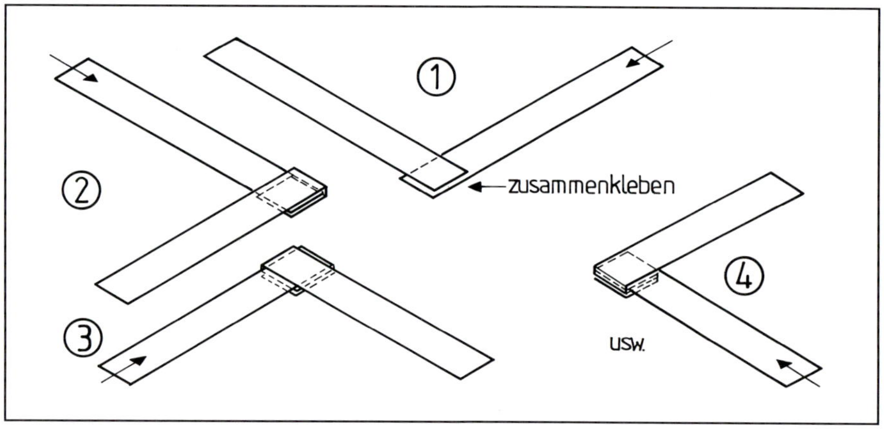

Osterglockenkranz

MATERIAL
Fotokarton:
Grün
Tonpapier:
Gelb, Orange
und verschiedene für die
Schmetterlinge

HILFSMITTEL
Schere, Cutter,
Bürolocher,
Bleistift,
Klebstoff

VORLAGEN
Motive 94 - 98,
Seite 118

AUSFÜHRUNG

Die Blätter und Osterglocken dekorativ auf dem halbrunden Bogen aus Fotokarton anordnen, ein Tropfen Klebstoff zwischen den Teilen genügt. Die einzelne Osterglocke ziert eine Serviette oder auch einen Osterkorb mit kleinen Geschenken. Schmetterlinge aus verschiedenen Tonpapieren setzen weitere farbige Akzente auf dem österlichen Frühstückstisch.
Die Schmetterlingsform benötigen Sie jeweils doppelt. Schneiden Sie die innenliegenden Öffnungen mit dem Cutter, oder stanzen Sie Punktmuster mit dem Bürolocher aus.

ÖKO-TIP

In der Regel reichen Scheren als Schneidewerkzeug aus. Bevorzugen Sie dabei Scheren aus Metall – ohne Kunststoffgriff. Bei Verwendung der Spezialwerkzeuge insbesondere darauf achten, daß sie nicht in Kinderhände gelangen !

ÖKO-TEST MAGAZIN

Osterset

MATERIAL
Fotokarton:
Gelb
Tonpapier:
Orange, Braun,
Grün und Gelb
Tonpapierreste:
Schwarz, Rot
Papierreste:
Weiß
Faltpapier:
Blau, Braun
eine Papprolle
(zum Beispiel
von Küchen-
krepp)

HILFSMITTEL
Schere, Cutter,
Bleistift,
Klebstoff

VORLAGEN
Motive 99 - 113,
Seiten 118 - 119

AUSFÜHRUNG

Set: Die Eiform des Sets von der Vorlage auf Fotokarton übertragen.
Hasen, Wiese, Eier und Sonne (= Kreis von 6 cm Ø, Strahlen = Streifen von ca. 15 x 0,8 cm) auf Tonpapier zeichnen.
Für die Wolken Faltpapier verwenden.
Die einzelnen Teile ausschneiden und auf dem Set anordnen.

Tischkarte: Innenteil mit dem Cutter ausschneiden, entlang der markierten Linie falten und in den Einschnitt auf der Kartenrückseite stecken. Hase, Eier und Gras festkleben und den Namen des Tischgastes darauf schreiben.

Eierbecher: Der Eierbehälter des Hasen besteht aus einer 5 cm breiten Pappröhre, die mit braunem Tonpapier beklebt wird. Den Hasenkörper nach der Schablone ausschneiden, Gesicht, Ohren und Pfoten gestalten und die Figur am Pappring festkleben, dabei auf Standfestigkeit achten. Für den Hasenbauch Kreise aus braunem Faltpapier schneiden, mittig falten und jeweils zur Hälfte aneinanderkleben; nach dem Trocknen an der Figur anbringen.

Katrin

Osterfest

Hasen-Einladungs-Karte

MATERIAL
Ton- oder Packpapier: Braun
Zeichen- oder Buntpapier: Rosa
Tonpapier: Schwarz

HILFSMITTEL
schwarzer Farbstift, Schere, Cutter, Bleistift, Pauspapier, Klebstoff

VORLAGEN
Motive 114 - 115, Seite 118

AUSFÜHRUNG
Die Karte wird nach der unten abgebildeten Zeichnung gefaltet. Den Hasenkopf aus dem Vorlagenteil mit Hilfe von Pauspapier übertragen und ausschneiden. Mit dem Farbstift die Gesichtslinien und Augen nachziehen. Die rosa Innenteile für Ohren und Nase und die Barthaare ebenfalls übertragen, ausschneiden und aufkleben.

Eiersets

MATERIAL
Fotokarton oder Tonpapier: Weiß

HILFSMITTEL
Schere, Bleistift, bunte Wachsmalstifte

AUSFÜHRUNG
Eine Eiform in der gewünschten Größe auf den Fotokarton oder das Tonpapier aufzeichnen, ausschneiden und nach eigenen Vorstellungen mit Wachsmalstiften bemalen.

Eier-Girlanden

MATERIAL
Zeichenpapier: Weiß

HILFSMITTEL
Schere, Bleistift, bunte Wachsmalstifte, Klebstoff, Kräuselband

VORLAGE
Motiv 116, Seite 118

AUSFÜHRUNG
Die Eierform auf ein DIN-A4-Blatt übertragen und mit Wachsmalstiften nach eigenen Ideen anmalen. Jetzt erst ausschneiden und jeweils zwei bemalte Eiformen mit den Rückseiten gegeneinanderkleben. Sind genügend Eier angefertigt, werden sie an einem Kräuselband oder einer Schnur festgeklebt.

ÖKO-TIP
Verwenden Sie Wachsmalstifte ohne Kunststoffumhüllung, die aus Bienenwachs und mit Lebensmittel- oder Kosmetikfarben hergestellt sind !

ÖKO-TEST MAGAZIN

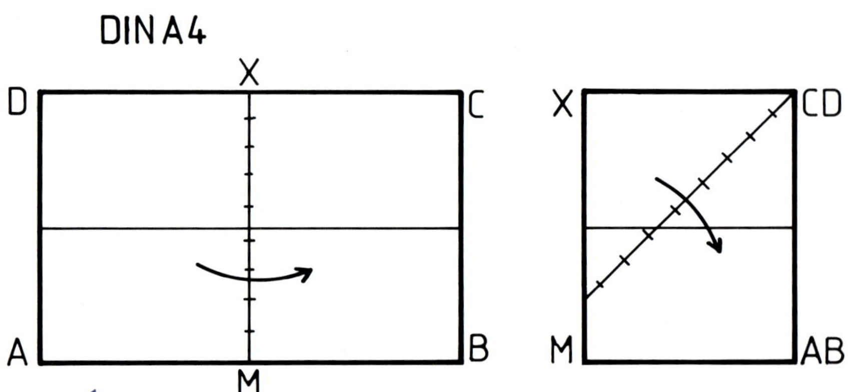

FALTANLEITUNG

zur Haseneinladungskarte

1. Falten Sie ein DIN-A4-Blatt von der Längs- und von der Breitseite jeweils zur Hälfte (Bruch und Gegenbruch).
2. Das Blatt auf die Größe von DIN A5 (21 x 14,85 cm) zusammenlegen.
3. Den Punkt X zwischen AB und CD deckungsgleich auf die äußere Kante legen und falzen (Bruch und Gegenbruch).
4. Das Blatt ganz öffnen.
5. Die Linien CZ, DZ und MZ nach oben falzen.
6. Die Linie ZX nach unten falten und nach innen ziehen. Dabei schließt sich die Karte automatisch.
7. Die beiden Dreiecke abschneiden.
8. Alles, was nun schwarz schraffiert ist, wird beim Schließen der Karte versteckt. Je nach Thema des Festes werden die verschiedenen Motive aufgeklebt und alle überstehenden Teile mit der Schere abgeschnitten.

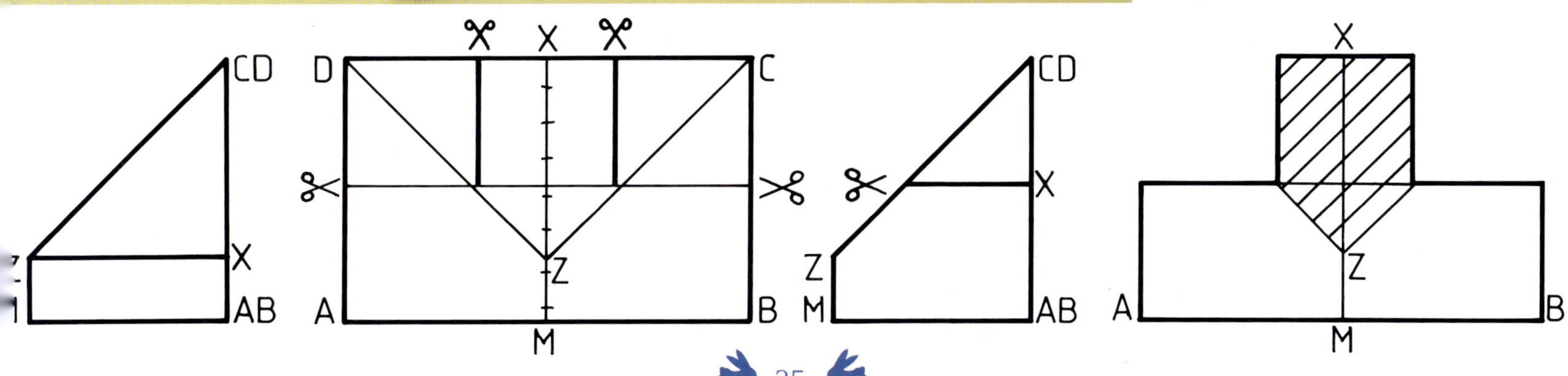

MATERIAL
Fotokarton:
Gelb, Weiß
Eierkarton
Schaschlik-
spieße

HILFSMITTEL
Schere, Bleistift,
Klebstoff
Fingerfarbe:
Gelb, Orange

VORLAGE
Motiv 117,
Seite 119

Narzissen

AUSFÜHRUNG

Blütenblätter nach Vorlage und Eierkartonteile ausschneiden. Die Eierkartonteile mit Fingerfarbe anmalen, trocknen lassen und mit Klebstoff auf die Fotokartonblüte aufkleben. Die fertige Blüte am Schaschlikspieß festkleben.

ÖKO-TIP

Fingerfarben gemäß der Euronorm DIN EN 71/3 „CE-Zeichen" sind unbedenklich.

ÖKO-TEST MAGAZIN

Tischkarte

MATERIAL
Fotokarton: Lila
Tonpapier: Gelb, Rot
Zahnstocher

HILFSMITTEL
Schere, Bleistift, schwarzer Farbstift, Lineal, Klebstoff

VORLAGE
Motiv 118, Seite 118

AUSFÜHRUNG

Aus Fotokarton einige Quadrate mit einer Seitenlänge von 10 cm ausschneiden und über ein Lineal zur Hälfte falten. Das Küken und seine Flügel zweimal auf gelbes, den Schnabel einmal auf rotes Tonpapier übertragen und ausschneiden. Den Zahnstocher und den Schnabel zwischen die beiden, die Flügel auf die Kükenkörperteile kleben. Die Augen mit einem Farbstift aufmalen. In den Falz der Tischkarte ein Loch stechen und den Zahnstocher mit dem Küken hineinstecken.

MATERIAL
Ton- oder
Packpapier:
Braun
Zeichen- oder
Buntpapier:
Rosa
Tonpapier:
Schwarz
Strohhalme

HILFSMITTEL
Schere, Bleistift,
schwarzer
Farbstift,
Klebstoff

VORLAGEN
Motive 114 - 115,
Seite 118

Trinkhalme

AUSFÜHRUNG

Den Hasenkopf auf Ton- oder Packpapier, die Nase und Ohreninnenteile auf rosa Zeichen- oder Buntpapier, den Schnurrbart auf schwarzes Tonpapier übertragen und ausschneiden. Die Gesichtslinien mit Farbstift nachzeichnen und die ausgeschnittenen Teile - gemäß der Vorlage - aufkleben und trocknen lassen. Anschließend den Hasenkopf am Trinkhalm ankleben.

Eierkarton-Körbchen

MATERIAL
Eierkarton (von einer großen Palette)
etwas Kräuselband

HILFSMITTEL
Schere, Klebstoff

AUSFÜHRUNG
Mit der Schere das Körbchen von einem Eierkarton abschneiden. Vom Kräuselband 10 bis 11 cm lange Stücke abschneiden und diese innen an zwei gegenüberliegenden Seiten mit Klebstoff ankleben.

Küken

MATERIAL
Tonpapier: Gelb, Rot

HILFSMITTEL
Schere, Bleistift, Nadel, Faden, schwarzer Farbstift, Klebstoff

VORLAGE
Motiv 118, Seite 118

AUSFÜHRUNG
Wie bei der Tischkarte von Seite 36. Der Zahnstocher entfällt. Mit einer Nadel einen passenden Faden in beliebiger Länge an der mit x gekennzeichneten Stelle durchziehen und verknoten.

Osterei

MATERIAL
Bunter Fotokarton und Sternchen

HILFSMITTEL
Schere, Nadel, Faden, Klebstoff, Farbstifte

VORLAGE
Motiv 119, Seite 118

AUSFÜHRUNG
Die Vorlage des Eies auf Fotokarton übertragen und ausschneiden. Das Ei kann beidseitig mit bunten Sternchen beklebt oder mit Stiften bemalt werden. Mit einer Nadel den Faden durchziehen und fest verknoten.

MATERIAL
Ton- oder Packpapier: Braun
Ton- oder Buntpapier: Rosa, Schwarz

HILFSMITTEL
Schere, Bleistift, schwarzer Farbstift, weiße Papier- oder Wattekugel, Klebstoff

MATERIAL (2)
Fotokarton: in verschiedenen Farben
Sternchen und Herzchen

HILFSMITTEL
Schere, Bleistift, Farbstifte, Ansstecknadeln, Klebstoff

VORLAGE
Motiv 119, Seite 118

MATERIAL (3)
Fotokarton: Weiß, Gelb
Eierkartonteile

HILFSMITTEL
Schere, Bleistift, Anstecknadeln, Klebstoff
Fingerfarbe: Gelb, Orange

VORLAGE
Motiv 120, Seite 118

OSTERHASEN-TÜTE

AUSFÜHRUNG

Schmalseite auf Schmalseite eines DIN-A5-Blattes falten, so daß ein Rand von ca. 0,5 cm übersteht. Den Rand umklappen und festkleben. Die Mitte des unteren Randes bestimmen. Beide unteren Ecken nach oben biegen und die Dreiecke fest umfalzen. Das neu entstandene Dreieck nach oben falten, so daß eine Linie entsteht. Das gleiche im Gegenbruch ausführen. Diese untere Tütenseite öffnen und hineingreifen. Die Seitenteile zur Mitte falten, sie bilden den Boden. Die beiden entstandenen Dreiecke nach außen falten. Das gleiche im Gegenbruch ausführen. Zum Schluß beide Dreiecke zur inneren Mitte falten und festkleben. An den oberen Kanten schmale Dreiecke (s. Abb.) im Bruch und Gegenbruch falten und nach innen drücken.
Den Hasenkopf, wie bei den Trinkhalmen auf Seite 36 beschrieben, anfertigen und auf die Tüte kleben. An der hinteren Seite der Tüte unten noch eine weiße Papier- oder Wattekugel mit Klebstoff anbringen.

EIER-ANSTECKER

Mat./HM/VL (2)

AUSFÜHRUNG

Die Eiform auf Fotokarton übertragen und nach eigenen Ideen gestalten. Sie können diese Anstecker bemalen oder mit Sternchen oder Herzchen belegen. Die Farbe können Sie fixieren (s. ÖKO-TIP). Auf der Rückseite eine Ansstecknadel ankleben und den Klebstoff gut trocknen lassen.
Wollen Sie diese Anstecker an einen Osterstrauß hängen, sollten sie von beiden Seiten verziert werden. Mit einer Nadel den Faden durchziehen und verknoten (s. Abb. Seite 37).

KLEINE BLUMEN-ANSTECKER

Mat./HM/VL (3)

AUSFÜHRUNG

Die Blüten und die Eierkartonteile ausschneiden. Den Eierkarton mit gelber oder orangefarbener Fingerfarbe bemalen, trocknen lassen und in der Mitte der Blütenteile (x) aufkleben. Auf der Rückseite die Anstecknadel ankleben. Möchten Sie diese Blüten an einen Osterstrauß hängen (s. Abb. Seite 37), stechen Sie am oberen Rand eines Blütenblattes eine Nadel mit Faden durch. Den Faden verknoten.

MATERIAL
Zeichenpapier:
Weiß

HILFSMITTEL
Schere, Bleistift, Farbstifte, Pauspapier, Lineal, Stift zum Einrollen

VORLAGEN
Motive 121 - 123, Seite 119

Daumenkino Küken und Blüte

Ausführung

Aus dem Zeichenpapier einen 20 x 7,5 cm langen Streifen schneiden. In der Mitte knicken, so daß Sie zweimal das Maß 10 x 7,5 cm erhalten. Auf das oben liegende Blatt das Ei bzw. die einfache Blüte übertragen. Nun Pauspapier dazwischenlegen und die bei beiden Zeichnungen identischen Linien durchpausen. Gegen das Licht gehalten, müssen die beiden Eier bzw. die beiden Blüten und Stiele deckungsgleich sein. Anschließend auf dem unten liegenden Blatt noch das Ei mit dem Kükenkopf bzw. die zwei fehlenden (schraffierten) Blütenblätter übertragen und anmalen. Das oben liegende Blatt wird jetzt um einen Stift gerollt. Wenn Sie den Stift schnell von oben nach unten bewegen, sieht es so aus, als ob das Küken aus dem Ei schlüpft und wieder darin verschwindet bzw. sich die Blüte öffnen und schließen würde.

MATERIAL (2)
Fotokarton:
Weiß und in verschiedenen Farben

HILFSMITTEL
Schere, Bleistift, Farbstifte, Klebstoff, Lineal

VORLAGEN
Motive 121 - 122, 124 - 125, Seite 119

Schiebekarten

Eierlegendes Huhn und aus dem Ei schauendes Küken

Mat./HM/VL (2)

Ausführung

Aus Fotokarton ein 20 x 9 cm großes Rechteck ausschneiden und in der Mitte falten (10 x 9 cm).
Außenteile: Motive aufmalen bzw. aufkleben. Den Fotokarton in der Breite des Eies und des Kükenkopfes einschneiden. Den Fotokarton an beiden Längsseiten zusammenkleben.
Innenteile: Aus weißem Fotokarton ein 14 x 8,5 cm großes Rechteck und das Motiv ausschneiden. Kükenkopf anmalen und wie das Ei ankleben. Das weiße Rechteck in die farbige Fotokartontasche einführen, den Kükenkopf ein ganz kleines Stück aus der Öffnung herausschauen lassen. Wenn Sie an dem überstehenden Fotokarton schieben oder ziehen (Abbildung, siehe Pfeil), so legt das Huhn ein Ei oder das Küken schaut aus dem Ei heraus.

Öko-Tip
Eine Farbfixierung ist in der Regel überflüssig. In Ausnahmefällen kann dazu eine Naturwachslösung, wasserlöslicher Klarlack oder Haarlack im Pumpzerstäuber verwendet werden.

Anhänger für den Osterstrauß

MATERIAL
Tonpapier: Gelb, Orange, Rot, Blau und Braun
Marmorpapierreste: Beige
Fotokarton: Weiß, Hell- und Dunkelgrün
Faltpapier: Grün, Violett und Rot

HILFSMITTEL
Schere, Bleistift, Klebstoff, Farbstifte, weißes Nähgarn

VORLAGEN
Motive 126 - 144, Seiten 120 - 121

AUSFÜHRUNG
Die Trägerelemente aus weißem Fotokarton sind bei allen sechs Motiven gleich. Für ein doppelseitiges Fensterbild oder ein Mobile beim Ausschneiden der Schmuckmotive die Papiere doppelt legen und beide Seiten der Eiform ausgestalten.
Die Details bei den Tieren, wie Augen und Schnabel, mit Farbstiften aufmalen. Beim Kükenmotiv die Gräser aus schmal eingeschnittenen Fotokartonstreifen über die Klinge einer Schere ziehen.
Die Schmetterlinge entstehen aus gefaltetem Origamipapier mit intensiven Farbtönen. Zum Schluß bei allen Motiven den Aufhängefaden mit einer Schleife verdecken. Die Beschreibung für die Schmetterlinge finden Sie auf Seite 30.

Vögel und Schmetterlinge

MATERIAL
Tonpapier: Rot, Gelb, Blau und Braun
Faltpapier: Gelb, Orange, Rot, Braun, Hellgrün und Türkis
Tonpapierreste: Schwarz

HILFSMITTEL
Schere, Bleistift, Nähgarn, Klebstoff

VORLAGEN
Motive 145 - 146, Seiten 120 - 121

AUSFÜHRUNG
Die Farben für die Osteranhänger wählen und aus Faltpapier einige Kreise (Durchmesser 6 cm) für die Vogel- und Insektenflügel zuschneiden. Die Kreise der Zeichnung entsprechend leicht kegelförmig zusammenkleben. Für den Bienenkörper einen Kreis zu einer schmalen Röhre rollen. Die vorbereiteten Flügel auf die jeweilige Grundform kleben und die Tiere ausgestalten. Zum Schluß die Aufhängeschlaufe anbringen.

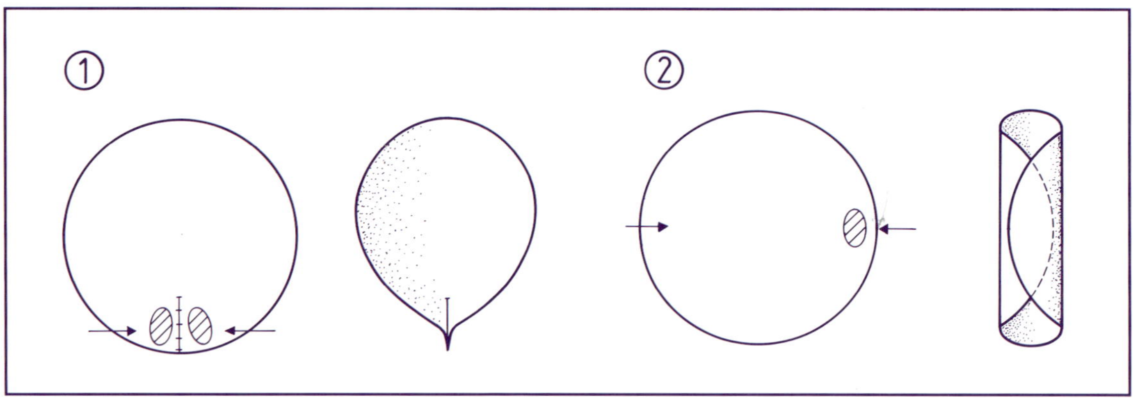

Ostereier mit Sträußchen

Diese dekorativen Eiersträußchen stellen Kinder von sieben und acht Jahren bereits mühelos her. Die Vorlagen geben einige Anregungen, sie werden von den Kindern aber meist sehr schnell durch eigene Ideen ersetzt.

MATERIAL
Tonpapier: in beliebigen Farben
Ausgeblasene Eier

HILFSMITTEL
Schere, Bleisitft, Klebstoff, Streichhölzer, Faden

AUSFÜHRUNG
Aus verschiedenfarbigen Papieren nach den obigen Vorlagen eine größere Menge Einzelmotive ausschneiden, aus denen sich dann Sträußchen zusammenstellen lassen. Die Papierstiele miteinander zu einem Strang verdrehen und zusammen mit einem halben Streichhölzchen, an das zuvor der Aufhängefaden geknotet wurde, in das vergrößerte Loch am stumpfen Ende des ausgeblasenen Eies schieben. Ein Tropfen Klebstoff gibt Halt. Bis alles trocken ist, das Ei in einen Eierbecher stellen. Zum Aufbewahren oder für den Transport von Ostereiern ist ein Eierkarton bestens geeignet. Dabei aus der Form geratene Papiersträußchen lassen sich schnell wieder zurechtzupfen!

Hennen und Eier

MATERIAL
Tonkarton: Gelb, Weiß
Fotokarton: Weiß

HILFSMITTEL
Schere, Locher, Bleistift, Klebstoff, Faden

VORLAGEN
Motive 147 - 151, Seiten 120 - 121

AUSFÜHRUNG
Eine große und eine ganz kleine Henne sowie zwei mittlere und zwei kleine Hennen aus dem Tonkarton ausschneiden. Die neun Eier aus doppelt gelegtem Fotokarton ausschneiden. Dieser ist nicht so stark wie Tonkarton, läßt sich doppelt gelegt schneiden und gibt so die Gewähr, daß die zusammengehörenden Eier auch aufeinanderpassen. Wie aus der Abbildung ersichtlich, die Eierketten mit innenliegendem Faden zusammenkleben. Um eine in der Komposition auch in bezug auf die Abstände harmonische Fensterdekoration zu erreichen, vor dem Kleben die Einzelteile im Originalabstand auf der Tischfläche anordnen.
Die Eierketten mit einem Locherpunkt an der Unterseite der Hennen, die Aufhängefäden an der letzten Kammrundung befestigen. Die Teile direkt auf die Fensterscheibe oder an den Fensterrahmen ankleben.

☛ Sehr schön sieht es auch aus, wenn Sie eine kleiner werdende Hühnerkette untereinanderkleben und diese frei schwebend im Raum aufhängen.

Osterstrauß

MATERIAL
Fotokarton: Weiß und verschiedene Grüntöne
Tonpapier: Rot, Gelb, Orange, Blau, Pink, Schwarz (zum Teil genügen Reste)

HILFSMITTEL
Bleistift, Schere, Klebstoff, Aufhängefaden

VORLAGEN
Motive 152 - 177, Seiten 122 - 123

AUSFÜHRUNG
Die Blatt- und Blütenformen und die Formen für den Marienkäfer von den Vorlagen auf die ausgesuchten Papiere übertragen. Das Ei (doppelt) auf weißen Fotokarton übertragen und alle Motive ausschneiden. Die grünen Papierstreifen für die Gräser werden über eine Scherenkante gezogen, damit sie sich kräuseln. Alle Papierteile zu einem hübschen Frühlingsstrauß zusammenstellen. Den Strauß auf einer der Eiformen festkleben und den Faden für die Aufhängung am Ei und zwischen Blüten und Blättern befestigen.
Das grüne Beiwerk und die zweite Eiform deckungsgleich auf die erste kleben. Zum Schluß das Spruchband (Fotokarton) und den Marienkäfer aufkleben.

Osterei mit Dekoration

MATERIAL
Tonkarton: Blau
Tonpapier: Gelb, Rot, Hell- und Dunkelgrün, Ocker

HILFSMITTEL
Bleistift, Schere, Klebstoff, Wäscheklammer, blaues Nähgarn

VORLAGEN
Motive 178 - 187, Seite 123

AUSFÜHRUNG
Die Motivteile übertragen und ausschneiden. Für die grüne Dekoration wird hell- und dunkelgrünes Tonpapier in lange, schmale Streifen geschnitten. Diese Streifen vorsichtig über die Scherenkante ziehen, so daß sie sich leicht wellen. Einen Teil des Papiers zu einer Schlaufe legen und auf dem Trägeroval festkleben. Hier wurden vier Streifen nach unten hängen gelassen. Eine Wäscheklammer hält die Teile zusammen, bis der Klebstoff getrocknet ist. Im nächsten Schritt werden die Osterglocken und die beiden Küken ausgestaltet. Den Aufhängefaden hinter das Trägerelement kleben. Danach das zweite blaue Oval exakt darüberlegen und festkleben.

Henne mit Küken

MATERIAL
Tonkarton: Gelb, Dunkelgrün
Tonpapier: Rot, Weiß, Hellgelb
marmoriertes Papier (Elefantenhaut): Beige
Papier mit Filz beklebt o. ä.: Orange
Faltpapier (Rest): Blau

HILFSMITTEL
Bleistift, Schere, Klebstoff, weißes Nähgarn

VORLAGEN
Motive 188 - 197, Seiten 124 - 125

AUSFÜHRUNG

Alle Teile übertragen und ausschneiden. Die beiden kleinen Kükenmotive werden fertiggestellt und am grünen Trägermotiv befestigt. Anschließend die Henne aufkleben. Für die beidseitige Streifendekoration wird Tonpapier in schmale Streifen geschnitten und aufgeklebt. Nun die weiteren Motivteile anbringen. Den Aufhängefaden durch ein eingestochenes Loch (markierter Punkt auf der Vorlage) fädeln und verknoten.

Häslein in der Grube

MATERIAL
Tonpapier: Orange, Ocker und Braun

HILFSMITTEL
Bleistift, Schere, Cutter, Nähmaschine oder Nadel und Faden, evtl. Klebstoff

VORLAGEN
Motive 198 - 199, Seite 125

AUSFÜHRUNG
Es ist ratsam, für jedes Motiv eine stabile Schablone anzufertigen. Übertragen Sie dafür das gewünschte Motiv vom Vorlagenteil auf Karton oder dünne Pappe. Es besteht dann natürlich die Möglichkeit, die Schablone nach eigener Phantasie zu verändern oder einzelne Motive auszutauschen.
Bitte beachten: Die Einzelteilangaben beziehen sich bei mehreren gleichen Motiven immer nur auf eines. Sie können die Anzahl der ergänzenden Einzelteile selbst bestimmen.

Nähen

Mit Hilfe einer Schablone die Motive aufzeichnen und in der gewünschten Anzahl ausschneiden.
Die Motive mittig aufeinandernähen. Die Mittellinie dabei genau einhalten und auf den Abstand von Motiv zu Motiv achten.
Bei unterschiedlicher Farbfolge die gewünschte Farbenauswahl bereitlegen, gegebenenfalls doppelt oder mehrfach, und diese Motive mit geringem Abstand, ohne den Faden abzuschneiden, mittig aneinandernähen. Das untere Fadenpaar direkt am Motiv verknoten und die Enden abschneiden. Die oberen beiden Fadenenden verknoten, sie dienen als Aufhängevorrichtung. Die Motivteile und die weiteren Innenteile sorgfältig auffalten, um eine plastische Wirkung zu erzielen.
Selbstverständlich benötigen Sie für diese Technik nicht unbedingt eine Nähmaschine. Sie können auch Nähnadel und Faden nehmen: Die Teile dann mit einfachen Heftstichen zusammenfügen.

Alternative zum Nähen

Die Motivteile können auch mit Klebstoff verbunden werden. Das jeweilige Papier einmal falten, die Schablonenhälfte an die Bruchlinie legen, das Motiv aufzeichnen und jedes Teil sorgfältig ausschneiden. Die Teile paarweise auf die Arbeitsfläche legen. Die Länge des Aufhängefadens richtet sich danach. Ein Motivteil mit Klebstoff einstreichen, das zweite mit zwischengefaßtem Aufhängefaden auflegen und festkleben. Diesen Vorgang bei den folgenden Motivteilen wiederholen.
Wollen Sie plastische Wirkung erzielen, benötigen Sie mindestens drei gleiche Motivteile, die Sie mit zwischengelegtem Faden aneinanderkleben.

☛ Sie können die Motivbänder beliebig verlängern, kombinieren oder farblich verändern.

Tulpen

MATERIAL
Tonpapier in den Farben Ihrer Wahl
Regenbogenbuntpapier

HILFSMITTEL
Schere, Cutter, Bleistift, Klebstoff

VORLAGEN
Motive 200 - 201, Seiten 124 - 125

AUSFÜHRUNG
Diese Blumenmotive sind als Anfangsobjekte geeignet, an denen Sie die Arbeitsweise mit Farbverläufen kennenlernen und üben können: Geeignete Farbverläufe werden aus dem Buntpapier ausgesucht. Zeichnen Sie auf die Rückseite die Motivteile, und schneiden Sie diese aus.
Die Tulpen eignen sich als Einzelmotiv, können aber auch als Dekoration für einen Frühlingsstrauß genommen werden.

ÖKO-TIP

Buntpapier, Transparentpapier, Marmorierpapier usw. gibt es bislang nicht in Altpapierqualität. Deshalb: Sparsam und mehrfach verwenden !

ÖKO-TEST

Ostereier

Ostereier

Das Verzieren und Bemalen von Eiern ist ein alter Osterbrauch. Gerade Kinder haben daran viel Freude. Seit einigen Jahren finden an vielen Orten spezielle Ostereiermärkte statt, auf denen man sich Anregungen und Ideen für die Herstellung eigenen Ostereierschmucks holen kann. Die dort gezeigten Kunstwerke sind - vor allem für Kinder - jedoch häufig zu kompliziert in der Herstellung. *Auf den Seiten 62 bis 65 werden* *Ostereier in einfachen Techniken vorgestellt, die Kinder schon im Kindergartenalter gestalten können. Selbstverständlich werden die Erwachsenen manchmal noch helfen müssen. Ältere Kinder werden die Arbeitsgänge schon weitgehend allein bewältigen können.*

Vorarbeiten

Bevor mit dem Schmücken der Eier begonnen werden kann, bedarf es einiger Vorplanung und Handgriffe.

Einkauf der Eier

Prinzipiell können alle Vogeleier geschmückt werden. Am einfachsten und billigsten zu erwerben sind jedoch Hühnereier. Achten Sie beim Kauf der Eier auf eine möglichst makellose Schale ohne Noppen, Haarrisse, Rillen oder Ausbuchtungen. Ob Sie weiße oder braune Hühnereier verwenden, hängt von der Technik ab und davon, ob Sie ein Osterei mit starken Kontrastfarben oder eines mit eher gedeckten Farben bevorzugen. Kaufen Sie Eier von freilaufenden, natürlich gehaltenen und gefütterten Hühnern. Ihre Schalen sind im allgemeinen schöner und fester. In aller Regel ist die Schale von braunen Eiern ebenmäßiger und stabiler.

Materialien zum Verzieren

Zum Schmücken von Ostereiern lassen sich die verschiedensten Materialien verwenden, wie z. B. Farben, Stifte aller Art, Filz, Stoff, Wachs, Papier, Perlen, Wolle, Pflanzen etc. Die Materialauswahl hängt entscheidend davon ab, welche Technik Sie für die Gestaltung wählen werden.

Eiformen
Vom Hühnerei zum außergewöhnlichen Straußenei

Reinigen der Eier

Jedes Hühnerei muß zunächst in lauwarmem Wasser mit etwas Spülmittel gereinigt werden. Beim Säubern sollten Sie die Schale nicht schrubben, da die Kratzspuren beim Färben sichtbar werden. Nach dem Waschen dürfen die Eier nur noch mit sauberen Händen angefaßt werden; fettige Stellen nehmen nämlich keine Farbe an.

Ausblasen

HILFSMITTEL
Eierpiekser oder starke Stecknadel (Schwesternnadel), Kreuzschlitzschraubenzieher Nr. 3, dünne Stricknadel

Wollen Sie Ostereier an einen Zweig hängen, müssen die Eier natürlich zuvor ausgeblasen werden. In jeden Eipol mit dem Eierpiekser oder einer starken Stecknadel (Schwesternnadel) ein kleines Loch stechen. Einen Kreuzschlitzschraubenzieher an jedem Loch ansetzen und durch vorsichtiges Hin- und Herdrehen des Werkzeuges die Öffnung auf die gewünschte Größe erweitern.
Das Resultat sind schöne, kreisrunde Löcher. Den Eiinhalt mit einer dünnen Stricknadel aufrühren, um das Entleeren zu erleichtern. Mit dem Mund oder einem über dem Loch aufgesetzten Klistierball das Ei ausblasen.
Das Ei mit Wasser füllen, schütteln und erneut ausblasen. Falls notwendig, muß diese Prozedur so oft wiederholt werden, bis das ausgeblasene Wasser klar ist. Eirückstände würden Ungeziefer anlocken. Abschließend das Ei gut trocknen lassen.

Hilfsmittel beim Verzieren der Eier

Grundsätzlich können Sie das Ei während der Bearbeitung in der Hand halten. Bei manchen Techniken, z. B. beim Färben, Malen und Zeichnen, soll jedoch ein Verwischen vermieden werden. Aus diesem Grund ist es besser, sich einiger Hilfsmittel zu bedienen: An einem Schaschlikstäbchen am oberen Drittel ein mehrfach umschlungenes Gummibändchen befestigen und das Ei aufspießen. Das Ei kann nicht herunterrutschen. Soll das Ei ganz fest sitzen, wird es mit einem Stückchen Radiergummi oder Korken fixiert, das auf die Spießspitze gesteckt wird. So ist das Ei eingeklemmt.
Zum Bemalen und Trocknen läßt sich der Spieß in einen abgedeckten Knetklumpen, einen erdgefüllten Blumentopf oder ähnliches stellen.

ÖKO-TIP

Kaufen Sie Eier von Freiland-Hühnern. Achten Sie dabei auf einen entsprechenden Packungsaufdruck !

ÖKO-TEST MAGAZIN

Nachbehandlung

Das geschmückte Osterei kann nachbehandelt werden. Seine Farbe wird dadurch intensiver (leuchtender) und haltbarer.

Lackieren

Wollen Sie einen richtigen Schutzfilm auf das Ei auftragen, was in Ausnahmefällen sinnvoll und nötig ist, um Ihr „Kunstwerk" zu schützen, kann es lackiert werden. Verwenden Sie keinen Sprühlack, auch nicht den FCKW-freien. Wasserlöslicher, klarer Lack ist auch in Dosen (zum Aufpinseln) erhältlich. Das Einstreichen des Eies ist zwar mit dem Pinsel etwas schwieriger und auch zeitaufwendiger, aber es ist das wesentlich umweltschonendere Verfahren.
Bei wasserlöslichen Farben sollten Sie zunächst an einem Probeei testen, ob die Farben beim Lackieren zerfließen. Ist dies der Fall, wird zunächst nur eine sehr dünne Lackschicht aufgetragen. Nach dem Trocknen diesen Vorgang mehrfach wiederholen.
Beim Lackieren muß für eine ausreichende Belüftung des Raumes gesorgt sein; besser noch wäre die Durchführung dieser Arbeiten im Freien.

Polieren

Wer nur etwas Glanz auf dem Osterei haben möchte, kann auf das Lackieren verzichten. Schmuckeier zum Hängen mit wenig farblosem Naturwachs oder mit etwas Fett einreiben und mit einem weichen Lappen polieren. Die Eier bekommen dadurch einen seidenmatten Glanz. Für den Verzehr bestimmte, gekochte, bunte Ostereier nur mit Fett, z. B. mit einer Speckschwarte, zum Glänzen bringen.

Anbringen des Aufhängers

Es gibt mehrere Möglichkeiten:

1. Um die Mitte eines ca. 2 cm langen, dünnen Zahnstocherstückchens die Schlaufenenden einer starken Nähseide oder eines dünnen Stickgarns binden. Zur Sicherheit den Knoten mit einem Tröpfchen Kleber fixieren. Das Stöckchen in das obere Loch stecken. Beim Anheben der Schlaufe stellt sich der Zahnstocher im Inneren des Eies quer und kann nicht mehr herausrutschen.

2. Die Schlaufe eines dünnen Bändchens mit einer feinen Häkelnadel von unten nach oben durch das gesamte Ei ziehen.

Damit der Aufhänger nicht durchgleiten kann, unterhalb des Ostereies einen Knoten oder eine Schleife binden und direkt am oberen Loch einen Knoten anbringen.

3. Stickgarn verknoten und die Schlaufe durch eine genügend große Perle ziehen. Mit einer dünnen Häkelnadel oder einem Stückchen Draht mit Öse die Schlaufe von unten nach oben durch das Ei ziehen. Die Perle hält das Ei. Wer absolut kein Risiko eingehen will, verhindert mit einer aufgeklebten zweiten Perle über der oberen Öffnung, daß der Aufhänger herausgezogen wird.

Dekorationsmöglichkeiten

Ostereier beeindrucken nicht nur am Strauß, es gibt viele andere Möglichkeiten, sie wirkungsvoll zu präsentieren. Ein Körbchen, ausgelegt mit Heu, oder eine schöne Schale, gefüllt mit Samen, bieten den kleinen Kunstwerken eine sichere Umgebung. Auf einem Tisch oder Schränkchen sind sie ein dekorativer Blickfang. Als Unterlagen für die Ostereier sind Raps (dunkelbraun), Sago (weiß), Leinsamen (mittelbraun), Hafer (gelblich), Reis (weißlich), Linsen (braun) usw. geeignet. Zu große Samen wirken unruhig, bei feineren besteht die Gefahr, daß sie in die Ausblaslöcher schlüpfen. Wer aus Platzmangel auf einen großen Strauß verzichten muß, kann die Eier auf Schaschlikspießchen stecken - das Abrutschen verhindern bunte Bändchen unterhalb des Ostereies - und das Stöckchenende mit einer aufgeklebten Perle verzieren. Diese Stabeier lassen sich sehr schön mit grünen Zweigen, z. B. Buchs, oder auch mit einem Blumenstrauß in einer Vase oder einem Blumentopf kombinieren.
In keinem Fall aber dürfen die Ostereier an einem Fensterplatz der direkten Sonneneinstrahlung ausgesetzt werden, da sie sonst ausbleichen.

Aufbewahrung der Eier

Ist Ostern vorbei, wird der Osterschmuck bis zum nächsten Jahr weggeräumt. Zum Aufbewahren sind die Pappbehälter, in denen die Eier gekauft wurden, gut geeignet. Die Ostereier sollten während ihrer Lagerung weder extremer Kälte noch Wärme ausgesetzt sein; ein Schrank oder eine Schublade ist ein idealer Ort.

Öko-Tip

Naturfarbenhersteller bieten Naturharz-Malemulsionen an, die zur Intensivierung bereits unter die einzelnen Farben gemischt oder zur abschließenden Fixierung verwendet werden können. Wenn Sie mit Klarlack arbeiten, achten Sie auf wasserlösliche Produkte, die mit dem „blauen Engel" ausgezeichnet sind !

ÖKO-TEST MAGAZIN

Marmorieren mit Naturfarben

EIER
rohe oder ausgeblasene weiße Eier

MATERIAL
einfaches, saugfähiges, weißes Seidenpapier, ersatzweise Küchenkrepp, verschiedene Naturfarben, Wolle, Lack, Wachs oder Speckschwarte

HILFSMITTEL
emaillierter Kochtopf, Kochlöffel

Mit Naturfarben aus der Apotheke oder Drogerie lassen sich, je nach Färbedauer, sehr schöne Töne erzielen.
Krapp - Rottöne
Walnuß - Brauntöne
Stockrose und Klatschmohn - Violett
Kamillenblüten - Gelbtöne
Mate-Tee - Grün- oder Gelbtöne
Stockrosenblüten - Graublau
Ratanhia-Wurzel - Orangetöne
Zwiebelschale (blond) - Gelb bis Braun

Mit Naturstoffen können Sie auch wunderschöne marmorierte Ostereier herstellen.

AUSFÜHRUNG

Auf ein in die Hand gelegtes Stück Seidenpapier (ca. 30 x 30 cm) ein wenig von einer Naturfarbe aufstreuen, das Ei darauflegen und das Papier samt Ei gut festhalten. Zwischen Ei und Papier erneut etwas Farbe verteilen, mit der Hand etwas höher sofort nachgreifen. So fortfahren, bis das Ei ganz in Papier eingepackt ist. Das überstehende Papier um das Ei wickeln und mit einem feuchten Wollfaden festbinden.
Das Ei zehn Minuten in klarem Wasser kochen, eiskalt abschrecken. Das Ei zum Aufhängen lackieren und zum Verzehr polieren.
Wer lieber buntere Eier mag, kann die verschiedenen Farben mischen oder beim Einstreuen nach und nach unterschiedliche Naturfarben verwenden. Die hessischen Eier werden mit Brombeere und Zwiebelschale, Krapp, Walnußschale oder nur mit Zwiebelschale gefärbt.

ÖKO-TIP
Einige Pflanzenfarben (Blauholz, Rotholz, Gelbholz, Sandelholz) bestehen aus Tropenholz. Es ist möglich, auf Alternativen auszuweichen, siehe Seite 66 bis 71.

ÖKO-TEST MAGAZIN

☛ Die Naturfarben sollten sparsam verwendet werden, da sie sehr stark färben. Sie sind jedoch nicht lichtecht und verändern oftmals im Laufe der Zeit ihre Farbe. Die Eier sind aber nach der Verfärbung nicht weniger schön.

Spritzen mit Tempera-(Plakat-)farben

Eine Technik für jüngste Kindergartenkinder.

Spritzen erfordert wenig Zeit und Geduld, auch großes Talent ist nicht unbedingt vonnöten.

ÖKO-TIP

Verwenden Sie lösungsmittelfreie Farben. Im Naturwarenhandel gibt es Tempera-Malfarben, die als Verdünnungsmittel ausschließlich Wasser enthalten, weiterhin Glycerin und Pigmente, die für pharmazeutische und kosmetische Produkte zugelassen sind, und Lebensmittelkonservierungsstoffe.

ÖKO TEST MAGAZIN

EIER
ausgeblasene weiße, braune oder gefärbte Eier

MATERIAL
Tempera-(Plakat-)farben in verschiedenen Farbtönen

HILFSMITTEL
Borstenpinsel oder alte Zahnbürste, Spritzsieb (Bastelgeschäft), alter Eierbecher o. ä., alte Zeitungen

AUSFÜHRUNG
Das Ei samt Eierbecher auf Zeitungen legen. Mit dem farbgetränkten Pinsel oder der Zahnbürste das Spritzsieb bestreichen. Das Sieb über das Ei halten und die Farbe darauf tropfen lassen. Sind die ersten Farbspritzer trocken, nach dem Auswaschen von Pinsel bzw. Bürste mit weiteren Farbtönen fortfahren. Ist die Vorderseite getrocknet, wird das Ei gewendet und die Rückseite fertiggestellt. Wer mag, kann abschließend lackieren.

☛ Zuviel Farbe auf Pinsel oder Bürste gibt Schlieren auf dem Ei.

Stempeln

Mit angemalten Materialien wie Kartoffeln lassen sich Muster drucken.

EIER
ausgeblasene weiße oder braune Eier

MATERIAL
eine mittelgroße Kartoffel, Wasserfarben

HILFSMITTEL
spitzes Messer, Pinsel

Voraussetzung für diese Technik ist, daß Kinder mit dem Messer umgehen können. Erwachsene sollten unbedingt zugegen sein.

AUSFÜHRUNG
Aus der Kartoffel einzelne Stempel schneiden. Die Stempelfläche sollte ca. 1 x 1 cm betragen. Mit dem Messer eine beliebige Form ausschneiden. Die Stempeloberfläche bemalen und die Eischale mit dem Stempel bedrucken. Je mehr Stempelformen verwendet werden, desto interessanter sind die fertigen Ostereier. Bei der Verwendung von Wasserfarben müssen die Eier lackiert werden, damit die Farbe hält.

ÖKO-TIP
Wasserfarben, die mit dem „CE"-Zeichen ausgestattet sind, eignen sich für Mal- und Bastelarbeiten mit Kindern. Blechkästen mit nachfüllbaren Farben reduzieren den Kunststoffmüll.

ÖKO-TEST MAGAZIN

Collagen

Papierpunkte

Diese Technik ist für kleine Kinder geeignet.

EIER
ausgeblasene weiße oder braune Eier

MATERIAL
buntes Papier, Tapetenkleister, nicht zu dickflüssig

HILFSMITTEL
Bürolocher, weicher Bleistift, Lappen

AUSFÜHRUNG
Mit dem Locher bunte Punkte ausstanzen. Das Ei dünn mit Kleister bestreichen und die Punkte aufkleben. Skizzieren Sie das Muster mit einigen Bleistiftstrichen. Überflüssigen Kleister mit einem Lappen abwischen. Das Ei trocknen lassen.

Papierschnipsel

Da keine Hilfsmittel benötigt werden, sind diese Eier auch sehr gut im Kindergarten herzustellen.

EIER
ausgeblasene weiße oder braune Eier

MATERIAL
verschiedene Papiere, in kleine Stücke gerissen, Tapetenkleister, nicht zu dickflüssig

AUSFÜHRUNG
Das Ei mit wenig Tapetenkleister einstreichen und die Papierschnipsel nach und nach aufkleben. Überflüssigen Kleister abwischen. Das Osterei trocknen lassen. Lackieren ist nicht notwendig, aber möglich.

Färben mit Naturfarben

Das Färben

Das Experimentieren beim Gewinnen von Farbextrakten und dann das anschließende Färben der Eier mit diesen Farben ist eine faszinierende Angelegenheit. Aus den Tabellen (Seite 66 bis 71) können Sie ersehen,
1. was die Natur an Rohstoffen hergibt, wenn Sie selbst sammeln gehen,
2. was die Apotheke an natürlichen Rohstoffen liefert,
3. was ein verrosteter Nagel oder ein paar Eisenschrauben bewirken und
4. was Sie aus den gewonnenen Extrakten für Mischungen selbst anfertigen können.
Wenn Sie erst einmal diesen Anweisungen gefolgt sind, werden Sie Lust bekommen, selbst zu experimentieren. Experimentieren Sie mit Efeu, mit Brennesseln, mit Heidelbeeren usw. Sie werden erstaunt sein, welche Möglichkeiten Sie für sich entdecken werden.

Farben aus Naturrohstoffen

Gelb

Schafgarbe (kräftiges Gelb)
Zwiebelschalen (Gelb, Hellbraun bis Braun)
Mate-Tee (Gelb, Gelboliv bis Hellgrün)
Kamillenblüten, kein Tee (Gelb)
Ahornblätter (Goldgelb)
Wermutpflanzen (Gelbbraun, Goldgelb, Gelbgrün)
Rainfarn (verhaltenes Gelbgrün)
Brombeeren (sattes Gelborange, Braun)

Braun

Kaffee (Dunkelbraun)
Wermutpflanze (Gelb bis Braun)
Walnußblätter (tiefe, satte Brauntöne)
Frauenmantelkraut (Dunkeloliv bis Braun)
Weidenrinde (rötliches Braun)
Faulbaumrinde (Braun)

Grün

Schachtelhalm (zartes Gelbgrün)
Odermenningkraut (Oliv bis Hellgrün und rötliches Gelb)
Johanniskraut (gelbliches Grün)
Mate-Tee (gelbliches Oliv bis Hellgrün)

Blau

Holunder/Holunderbeersaft (Blaugrau und Blauschwarz mit Eisennagel)

Rot

Zwiebelschale und Essig (Rot)
Cochenille (Rot, Rosa, Pink, Lila)
Krappwurzel (Vorsicht: ergibt intensives Farbbad, sparsam anwenden), (Rot, Rosa, Rotbraun sowie viele Zwischentöne)

Violett

Stockrose (Violettblau)
Gras (Hellgrau)
Ringelblumenblüten (Gelb bis Braun)

Farben aus Mischungen

Orange

Krappwurzel + Faulbaumrinde (Dunkelorange, Rotorange und Braunrot)
Stockrose + Klatschmohn (rötliches Violett)

Violett

Stockrose + Klatschmohn (rötliches Violett bis Blauviolett)

Rot

Cochenille + Krappwurzel (leuchtendes Rot)
Krappwurzel (wenig) + Zwiebelschale (Rosa)
Brombeere + Zwiebelschale (Rotbraun)
Krappwurzel eignet sich gut für Mischungen vieler Rotfarbtöne
Krappwurzel
+ Stockrose (Blauviolett bis Braun)
+ Zwiebelschalen (Rosa bis Rotbraun); bei Rosatönen nicht kochen!
+ Walnuß (Rotbraun)
+ Faulbaumrinde (Rotbraun)
+ Kamille (Orange bis Rot)
+ Mate-Tee (Rosarot, Rot, Altrosa)

Grün

Zwiebelschalen + Stockrose (Intensivgrün, Moosgrün)
Mate-Tee + Stockrose (Oliv, Intensivgrün)

Blau

Stockrose + Malve (Graublau)
Holundersaft + Zwiebelschalen (Farbabstufungen von Grau bis Blau und Brauntöne)

Immer die Rohstoffe für Mischungen zusammen ansetzen und kochen, nie die Extrakte mischen.

Alle Naturrohstoffe bieten Apotheken zum Kauf an.

Gewinnen der Farbextrakte

Fast alle genannten Naturrohstoffe - außer den pulverförmigen (Kaffee, Tee) - müssen eingeweicht werden, so werden sie erheblich ergiebiger. Dazu nehmen Sie einen alten Kochtopf. Nach dem Einweichen Wasser auffüllen, den Sud aufkochen und nach Empfehlung kochen lassen. Den Sud durch ein Sieb abgießen. Das Färbebad ist fertig.

AUSFÜHRUNG

Blüten, Blätter, Früchte: Einige Stunden einweichen lassen. Auf 50-100 g brauchen Sie 1 bis 2 l Wasser. Lassen Sie den Sud etwa 1/2 Stunde kochen.
Wurzeln, Rinden: Über Nacht einweichen lassen. Für 50-100 g benötigen Sie 1 bis 2 l Wasser. Den Sud etwa 1 Stunde kochen lassen.
Pulver: Für 3 bis 4 Teelöffel benötigen Sie 1/2 l Wasser. Den Sud etwa 1/2 Stunde kochen lassen.
Tee + Kaffee: 30 bis 50 g, Kochzeit 20 Minuten.

Zusätze beeinflussen die Farben

Eisennägel, -schrauben oder -späne verändern die Farbe.
Auf chemische Zusätze sollte jedoch möglichst verzichtet werden. Sie können beim Woll- oder Stoffefärben notwendig sein. Beim Eierfärben dienen sie jedoch höchstens der Farbintensivierung.

Spezielle Anleitung für einheimische Rohstoffe

Einheimische Rohstoffe	Menge	Wasser	Einweichzeit
Kamillenblüten	6 Eßl.	1 l	einige Stunden
Odermenningkraut	50 g	1-2 l	einige Stunden
Zwiebelschalen	1 Tasse	1 l	sofort kochen
Wermutpflanze	50 g	1 l	einige Stunden
Birkenblätter	2 Tassen	1 l	einige Stunden
Mate-Tee nicht geröstet	5 Eßl.	1 l	einige Stunden
Schachtelhalm	1 Tasse	1 l	einige Stunden
Johanniskraut	1 Tasse	1-1,5 l	einige Stunden
Rainfarn	50 g	1-2 l	einige Stunden
Ahornblätter	1-2 Handvoll	1 l	einige Stunden
Schafgarbe	1 Tasse	1-1,5 l	einige Stunden
Walnußblätter	1-2 Eßl.	1 l	einige Stunden
Frauenmantelkraut	30-50 g	1 l	einige Stunden
Faulbaumrinde	30 g	1 l	eine Nacht
Stockrose	50 g	1 l	eine Nacht
Brombeere	50 g	1 l	eine Nacht
Weidenrinde	50 g	1 l	eine Nacht
Holunderbeeren auf 1 l	Beeren bis Rand	1 l	eine Nacht
Tee und Kaffee	30-50 g	1 l	–

Kochzeit	Färbezeit warm	Färbezeit kalt	Farbe
30 Min.	1-30 Min.	10-30 Min.	Hell-Dunkelgelb
30 Min.	10-30 Min.	10-30 Min.	rötliches Gelb
30 Min.	1-30 Min.	5-30 Min.	satte Gelb-Brauntöne
30 Min.	1-30 Min.	5-60 Min.	grünlich Gelb
20 Min.	1-30 Min.	5-60 Min.	Gelb - Grün
30 Min.	1-30 Min.	5-30 Min.	Gelboliv - Grün
30 Min.	1-30 Min.	5-60 Min.	zartes Gelbgrün
30 Min.	1-30 Min.	5-60 Min.	Grau, Beige, gelbliches Grün
30 Min.	5-30 Min.	5-60 Min.	zartes Gelbgrün
30 Min.	1-30 Min.	5-60 Min.	Hellbraun - Goldgelb
30 Min.	1-30 Min.	1-30 Min.	Gelb
30 Min.	1-60 Min.	1-60 Min.	Brauntöne
30 Min.	1-60 Min.	5-60 Min.	Braun - Oliv
60 Min.	1-60 Min.	5-60 Min.	Braun
30 Min.	1-60 Min.	5-60 Min.	Blau, Grau, Schwarz
30 Min.	5-60 Min.	5-60 Min.	Orange - Braun
60 Min.	1-60 Min.	5-60 Min.	rötlich Braun
60 Min.	5-60 Min.	5-60 Min.	leicht Braun, Blau, Grau
20 Min.	1-30 Min.	5-30 Min.	Kaffeebraun

Die Farbergebnisse fallen unterschiedlich aus, dies hängt von der Beschaffenheit der Schale, von der Färbezeit, vom Warm- oder Kaltfärben u. a. ab.

Tips für Spezialisten

Bei eigenem Experimentieren mit selbstgesammelten Naturrohstoffen sollten Sie von vorneherein eine solche Tabelle anlegen und die einzelnen Fakten darin aufzeichnen und auch die Färbeergebnisse festhalten. Ein Farbfoto vollendet die Aufzeichnung für spätere Wiederholungen und für den Erfahrungsaustausch unter Spezialisten.

Naturrohstoffe / Ergebnisse

Naturrohstoff	Ergebnis
1 Mate-Tee	Gelboliv bis Hellgrün
2 Zwiebelschale	Gelb, Hell- bis Dunkelbraun
3 Kamillenblüte	Gelb
4 Stockrose + Malvenblüte (kräftig) + Walnußblätter (wenig)	Blau bis Blauviolett
5 Odermenningkraut	rötliches Gelb, Oliv bis Hellgrün
6 Rainfarn	verhaltenes, zartes Grün
7 Schafgarbe	Goldgelb
8 Brombeertee	sattes Gelborange bis Braun
9a Brombeere + Zwiebelschale	Tiefes Rotbraun
9b Walnuß	volles Braun
10 Krappwurzel (wenig) + Kamille (wenig)	Altrosa
11 Hessische Eier	marmoriert
12 Walnuß	Braun (Schattierungen)
13 Krappwurzel + Walnuß + Faulbaumrinde	rötlich bis Braun
14 Stockrose + Walnuß	stumpfes Blauviolett bis Violettschwarz
15 Faulbaumrinde + Krappwurzel	Orange, Altrosa, Rotorange (Schattierungen)
16 Krappwurzel (wenig) + Zwiebelschale	Rosa
17 Walnuß	intensives Gelbbraun
18 Stockrose	Dunkelblau
19 Krappwurzel + Faulbaumrinde	Rotorange (Schattierung), Braun und Braunrot
20a Cochenille + Krappwurzel (wenig)	Orangerot bis leuchtend Rot
20b ungefärbt	
21 Mate-Tee + Stockrose	Oliv und Intensivgrün (Schattierung)
22 Zwiebelschale + 1 Eßlöffel Alaun	Rosa, Rotviolett, Rot
23 Krappwurzel	Rot (Schattierungen), Rot, Rosa, Rotbraun
24 Färber-Kamille	Hellgelb bis Olivgrün (Schattierungen)

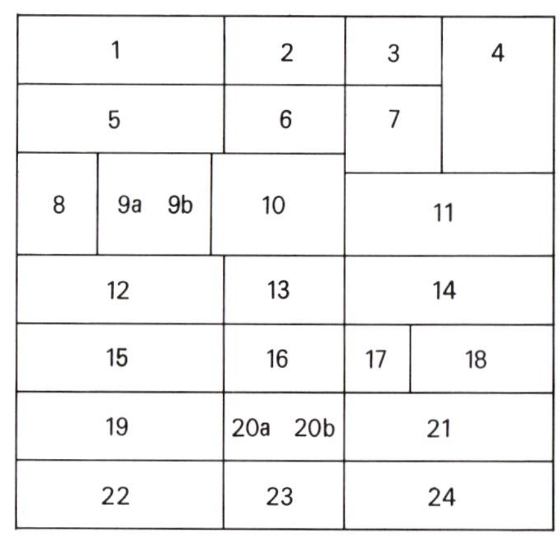

Malen mit Aquarell- und Wasserfarbe

Ob zarte Malereien in Aquarelltechnik oder plakative Darstellungen, hier findet jedes Sujet seinen passenden Gestaltungsstil.

MATERIAL
Aquarell- und Wasserfarben
Naturfarben zum Grundieren

HILFSMITTEL
Marderhaarpinsel

VORBEREITUNG

Den Eiinhalt entfernen. Vor allem Enten- und Gänseeier, die häufig verschmutzt sind, müssen sehr gründlich gereinigt werden. Alle Eier sollten vor dem Verzieren und Färben absolut fettfrei sein.

AUSFÜHRUNG

FÄRBEN

Bestimmte Eiarten, wie z. B. braune Hühnereier, hellbeige, getupfte Truthühnereier oder grünliche Enteneier haben von Natur aus eine interessante Oberfläche, die nicht unbedingt eingefärbt werden muß. Ein weißes Ei dagegen kann in warmer Naturfarbenlauge (Krappwurzel, Holunder, Zwiebelschalen) oder in speziellen Eierfarben aus Lebensmittelfarbstoffen gefärbt werden.

Da das ausgeblasene Ei auf der Farbe schwimmt, muß es fortwährend mit Farbe überspült werden. Hat es den gewünschten Farbton und die Farbdichte erreicht, wird es aus dem Bad herausgenommen und mit einem weichen Papiertaschentuch abgetupft. Die eventuell in das Ei hineingelaufene Farbe muß ausgeblasen werden.
Das Färben von Eiern mit Naturfarben wird auf den Seiten 66 bis 71 genau erläutert. Dort finden Sie weitere Farbbeispiele für Grundierungen.

BEMALEN

Ein Motiv auswählen und davon eine Skizze anfertigen. Das Motiv sollte sich gut der Form des Eies anpassen.

Das Ei während des Bemalens stets in der Hand halten. Mit einem harten, feinen Bleistift die Konturen, z. B. eines Schmetterlings, auf das Ei übertragen. Bitte beachten Sie, daß auf einem gefärbten Ei nicht mehr radiert werden kann. Die Radierstelle würde einen hellen Fleck hinterlassen. Damit das Ei ruhig gehalten wird, legen Sie den Arm auf die Tischkante. Der kleine Finger der pinselhaltenden Hand stützt sich auf das Ei, so kann der Pinsel sicher geführt werden.

Für die Arbeit benötigen Sie Marderhaarpinsel in verschiedenen Größen.

ÖKO-TIP

Auch bei Enten-, Gänse- und Truthühnereiern darauf achten, daß sie freilaufenden Tieren entstammen. Beim Verzehr des ausgeblasenen Eiinhalts die längeren Koch- und Backzeiten berücksichtigen.

ÖKO-TEST MAGAZIN

TAUBENPAAR, PFERD, MANDARIN-ENTE

Aquarell- und Wasserfarbe auf eingefärbten Eiern

Das weiße Taubenpaar wurde mit Aquarellfarbe auf blauen Hintergrund gemalt. Um die flächig gemalten weißen Tauben dekorativ zu gestalten, wurden Tupfen und Linien mit extrem dicker Farbe aufgemalt. Die Blumen runden die Bildkomposition ab.

Pferd und Mandarin-Ente wurden auf dieselbe Weise mit gemischten Wasserfarben gestaltet.

TAUBENPAAR MIT FLIEGENDER TAUBE

Ei mit blauer Wasserfarbe grundiert

Nimmt das Gänseei beim Einfärben die Farbe unregelmäßig an, weist es Flecken oder Kratzer auf, können Sie das ganze Ei mit Wasserfarbe übermalen. Dafür eine lange Nadel als Halterung in ein dickes Stück Knetmasse stecken und das Ei daraufsetzen. Mit einem breiten, weichen Pinsel die vorbereitete Farbe gleichmäßig von oben nach unten auf das Ei auftragen.

SCHMETTERLINGE: SCHWALBENSCHWANZ, NACHTPFAUENAUGE – ENTENPAAR

Wasserfarben auf naturfarbenen Eiern

Vergessen Sie nicht, Enteneier mit Essigwasser zu reinigen. Auf ein von Natur aus grünliches Entenei (Entenpaar) sowie ein hellbeiges Truthühnerei (Schmetterlinge) wurde mit verschieden feinen Marderhaarpinseln mit Wasserfarben direkt auf das Ei gemalt. Die Schale des Enteneies ist sehr feinporig und glatt (wie Porzellan). Deshalb ist es von Vorteil, die Farbe nicht zu sehr zu verdünnen.

Die Bemalung darf bis zum Lackieren nicht mit den bloßen Fingern berührt werden.

WEISSE CAMELIE

Nachträgliche Hintergrundbemalung

Die Camelie wurde auf ein weißes Hühnerei gemalt, damit das Weiß der Blüte feiner und weißer wirkt. Der Hintergrund wurde nachträglich gestaltet.

ROTE CAMELIE, MOHN

Mit sehr dünner Wasserfarbe mit den hellsten Farbtönen beginnen. Nach de[m] Antrocknen der Farbe die dunkleren Schattierungen mit immer kräftiger werdenden Farben malen.

Malen mit Ölfarbe

TIERMOTIVE
In diesem Kapitel werden Motive vorgestellt, die sich besonders gut für die Gestaltung von Eiern eignen. Vögel, Enten und Gänse sind hier Thema der Malerei.

VORBEREITUNG
Das Ei gründlich reinigen (beispielsweise mit Sodawasser). Dadurch wird das Eiweiß in der Schale zerstört. Eine sorgfältige Reinigung des inneren Eies ist sehr wichtig, denn nur dann behalten die Farben des bemalten Eies ihre Leuchtkraft. Eiweißrückstände könnten speziell bei der Aquarellbemalung die Farbpigmente zerstören. Ungenügend gereinigte Eier ziehen Ungeziefer an, das eine ganze Sammlung zerstören kann. Grobe Strukturen auf der Außenschale mit Schleifpapier abschleifen. Dadurch geht der natürliche Fettgehalt der Schale verloren. Dies ist für die folgenden Malarbeiten besonders wichtig, denn die Fettschicht würde die Ölfarbe abstoßen. Die Außenschale dann noch mit einem Baumwollappen oder Schwämmchen gut reinigen.

AUSFÜHRUNG
Ein Medaillon gibt dem Ei Form und ist der richtige Rahmen für Vögel, Enten und Gänse.

Motivvorlagen können Sie überall finden: auf Fotos, in Zeitschriften oder Büchern. In der Natur können Sie die Anatomie der Tiere studieren. Details für Ihre Malerei finden Sie in alten Biologiebüchern, in denen oft ausgezeichnete, naturgetreue Stiche abgebildet sind.

Zuerst ein Kreuz auf das Ei zeichnen, um den Mittelpunkt festzulegen. Nun das Medaillon skizzieren. Ungeübte sollten eine Kartonschablone zum Einzeichnen des Medaillons benützen. Zentrum des Medaillons ist die schwerste Form des darzustellenden Körperteils. Sie muß mit dem Mittelpunkt des Eies übereinstimmen, damit es harmonisch erscheint.

MATERIAL
Ölfarbe

HILFSMITTEL
Sodawasser, Baumwollappen, Schleifpapier, Marderhaarpinsel in verschiedenen Größen

ÖKO-TIP
Beim Einkauf der Ölmalfarben nach Naturharzölfarben (Naturwarenladen) fragen.
Herkömmliche Ölfarbe gibt es auch wasserverdünnbar auf Basis von Pflanzenölen. Gesundheitsschädliche Hilfsmittel (Terpene) werden dadurch überflüssig.

ÖKO-TEST Magazin

Skizziert wird direkt auf das Ei. Ungeübte können sich eines Tricks bedienen: Das Motiv auf Transparentpapier (Schreibwarengeschäft) skizzieren, das Papier umdrehen und die Vorzeichnung direkt auf das Ei pausen. Allerdings wirken so entstandene Motive meist steif und disharmonisch, da ja das Ei als Malunterlage nicht so flach wie ein Papier ist. Die sogenannte Fischaugenperspektive erreichen Sie, indem alle Rundungen etwas vergrößert und Spitzen oder Längen abgerundet verlängert werden. Bessere Resultate erzielen Sie, wenn Sie nach etwas Übung Ihr Motiv direkt auf das Ei zeichnen.

Zur Einhaltung des optimalen Gleichgewichts der Malerei kann es notwendig sein, daß Schwanz oder Flügel über den Medaillonrand hinausragen. Das Hauptmotiv deshalb zuerst in Lasurtechnik malen, die Farbe nicht stark auftragen. Mit dem Pinsel das Hauptmotiv Schritt für Schritt in feinen Strichen aufmalen. Bei dieser Technik sind Nacharbeiten möglich, da die Farbe nicht satt auf dem Untergrund aufgetragen ist.

Die Malerei etwa acht Tage trocknen lassen. Den Hintergrund mit feinen Pinselstrichen arbeiten und wieder trocknen lassen.

Applikationstechnik: Gräser, Blumen, Blätter

Auf bereits in Naturfarben vorgefärbte und lacküberzogene Eier werden Pflanzenteile appliziert, die Sie entweder im eigenen Garten oder auf Spaziergängen finden können. (Auch bei kleinen Mengen, bitte, Naturschutz beachten.)

AUSFÜHRUNG
Die Auswahl und harmonische Zusammenstellung der Farben für das Ei und der Pflanzen sind entscheidend für eine schöne Gesamtwirkung.
Ist die Auswahl getroffen, die frischen Pflanzenteile mit der Schere entsprechend der Bildkomposition zurechtschneiden. Zur Probe das Arrangement neben das Ei legen. Die Teile einzeln auf das Ei kleben. Drücken Sie mit einem Papiertaschentuch jedes einzelne Teil einige Zeit an, damit es gut haftet.
Zum Schluß das Ei mit Lack überziehen. Dafür empfiehlt sich in diesem Fall Schellack.

HILFSMITTEL
Schere, Papiertaschentücher, Klebstoff

EIER MIT APPLIZIERTEN PFLANZEN-TEILEN

Alles Nötige spendet die Natur: Farbstoffe und Pflanzen, eine geglückte Kombination.

DIE FÄRBUNG DER EIER

Oben rechts: In Grassud gefärbt mit applizierten kleinen Orchideenblüten.
Mitte: In Mischung von Faulbaumrinden- und Krappwurzelsud gefärbt mit applizierten Dahlienknospen.
Links: In Mischung von Krappwurzel- und Faulbaumrindensud kräftig gefärbt mit applizierten getrockneten gelben Blüten und Blättern.
Unten: In Mischung von Stockrosen-, Zwiebelschalen- und Schafgarbensud dunkelbraun gefärbt; es ist auch mit Schafgarbenblüten und -blättern besetzt.

Wachsreserve-Technik (Batik)

HILFSMITTEL
Kerzenreste aus dem Haushalt oder Batikwachs, Stövchen, kleiner Blechnapf, verschiedenen große Konservendosen, Haushaltspapier Auftragswerkzeuge: Hühner- oder Gänsefederkiel oder Rundholzstab mit eingesteckter Stecknadel, eine Kiska- oder eine Trichterfeder (s. Zeichnung), Stärke 8-1 mm, aus dem Schreibwarengeschäft, Federhalter und Schreibfeder, Stecknadelköpfe in verschiedenen Größen

Auf zunächst ungefärbte Eier wird Wachs aufgetragen. Diese Stellen sind dann reserviert, sie können beim Färben keine Farbe annehmen. Die Eier werden kalt gefärbt, das Wachs wird anschließend wieder entfernt.
Diese Technik hat nicht nur im Textilbereich eine lange Tradition. Bei gebatikten Eiern unterscheidet man grundsätzlich drei Stilrichtungen: die sorbische, die ukrainische und die hessische mit ihren charakteristischen Mustern und Beschriftungen.
Das Prinzip der Technik ist bei allen drei Stilrichtungen gleich, nur die Werkzeuge für den Wachsauftrag sind verschieden, und vor allem dadurch wird der typische Stil geprägt.

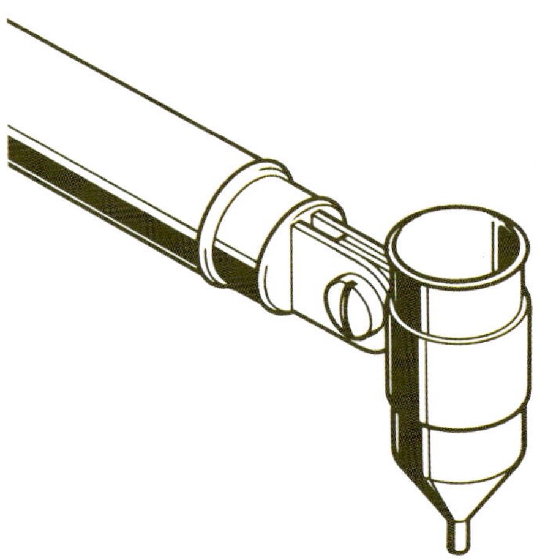

TECHNIK
Für den Wachsauftrag mit Federkiel und Stecknadel das Wachs in einem Löffel, der über einer rußfreien Kerze angebracht wird, erhitzen (s. Zeichnung).
Wenn Sie eine Trichterfeder benützen, sollten Sie das Wachs im Wasserbad (sonst Brandgefahr!) erhitzen: Dafür eine Konservendose mit Wachs füllen und in einen größeren Topf mit Wasser stellen. Das Wasser nun auf dem Herd erhitzen, dabei schmilzt das Wachs. Das Wachs in die Trichterfeder füllen und auf das Ei auftragen.
Das Muster mit leichten Bleistiftstrichen auf das Ei aufzeichnen und das Wachs möglichst gleichmäßig auftragen.
Das so reservierte Ei wird ganz in einen kalten Farbsud gelegt, bis es die gewünschte Tönung angenommen hat. (Bei warmem oder heißem Färben würde das Wachs schmelzen.) Das gefärbte Ei mit einem Fön anblasen, dadurch wird das Wachs weich und läßt sich mit einem Papiertaschentuch zum Schutz der Farbe gleichmäßig über das Ei verteilen.

Das Wachs für die hessischen Spruch- oder Minneeier wird mit einer Schreibfeder oder einer Trichterfeder aufgetragen.
Die hier gezeigten Eier wurden alle nur einmal gefärbt. Durch erneutes oder mehrfaches Wachsauftragen und Färben (dann aber mit hellen Farben beginnen) lassen sich interessante Farbtöne und Muster schaffen.

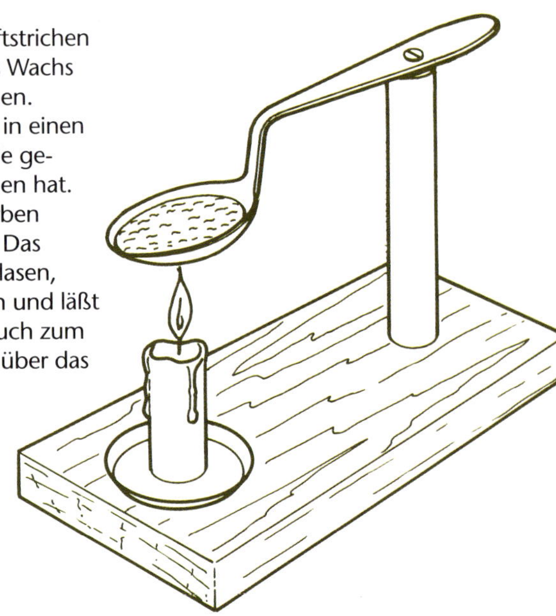

BATIKEIER

Diese Eier entstanden in Anlehnung an verschiedene Stilrichtungen, es wurden aber auch eigene Muster entworfen.

DIE FÄRBUNG DER EIER UND DIE STILRICHTUNGEN

Von links nach rechts, von oben nach unten in logischer Folge: In Mischung von Stockrosen- und Malvensud gefärbt, hessisches Muster; Gänseei in Walnuß- und Stockrosensud gefärbt, eigenes Muster; in Krappwurzel- und Zwiebelschalensud schwach gefärbt, hessisches Muster; in Mate-Tee und Stockrosensud gefärbt, hessisches Muster; großes Gänseei in Krappwurzelsud gefärbt, sorbisches Muster; in Sandelholzsud schwach gefärbtes Ei, hessisches Muster; in Mischung von Stockrosen- und Krappwurzelsud gefärbtes Ei, hessisches Muster; in Mate-Teesud gefärbt, sorbisches Muster; in Malvensud gefärbt, hessisches Muster; in Zwiebelschalensud gefärbt, hessisches Muster; in Krappwurzelsud gefärbt, eigenes Muster; in Krappwurzelsud gefärbt, eigenes Muster. Die einfarbigen Eier wurden in Zwiebelschalensud gefärbt.

Eier mit Tieren und Blumen

Eier mit Tieren
in Aquarelltechnik bemalt

DIE FÄRBUNG DER EIER
Oben: Gänseei in Stockrosensud mit Zusatz eines Eisennagels gefärbt.
Von links nach rechts: In Mate-Teesud gefärbt; in Schafgarbensud gefärbt; in Brombeerteesud gefärbt; ebenfalls in Brombeerteesud gefärbt.

BEMALUNG AM BEISPIEL IGEL:
Den Igel auf Papier zeichnen und ausschneiden, den Kopf abschneiden. Die Zeichnung des Igelkopfes auflegen und mit einem weichen Bleistift die Konturen nachziehen. Den Körperbogen darüberlegen und die Konturen ebenfalls nachziehen. Mit flachgehaltener Spitze eines weichen Bleistiftes nun die Rückseite der Igelkopf-Schablone ausmalen. Die Schablone umgedreht nochmals genau auf das Ei legen und Öhrchen, Augen und Schnauze durchpausen.
Die Grundfarbe des Igels ist das Braun des gefärbten Eies. Jetzt nur noch mit feinen Pinselstrichen (siehe Abb.) von oben nach unten malen: Aquarellfarbe in rötlichem Braun, Dunkelbraun und ganz wenig Schwarz. Auf die Schnauze, an die Seiten und oben auf den Kopf kommen ein paar unauffällige weiße Striche. Die Augen werden schwarz gemalt, in der oberen Mitte einen kleinen Punkt freilassen. Die Ohren schwarz-braun ausmalen, ebenso die Nase unten.

HILFSMITTEL
Aquarellfarben, feine Pinsel, weicher Bleistift, Papiertaschentücher

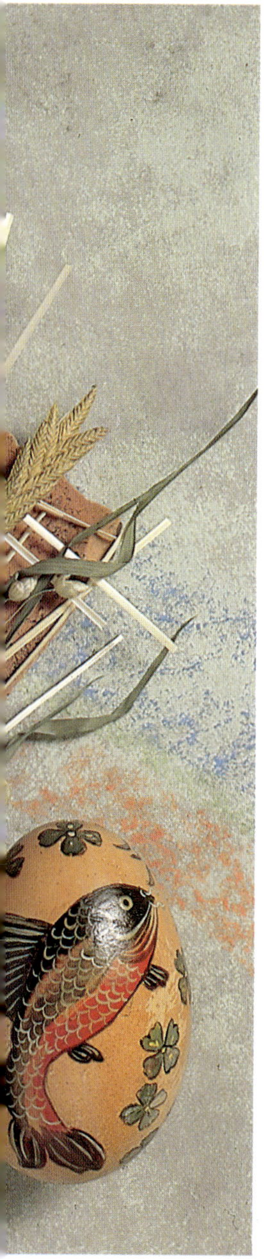

DIE FÄRBUNG DER EIER

MALTECHNIK
Hier werden vorgefärbte Eier farblich zum Motiv passend ausgesucht und dann bemalt. Auch ungefärbte Eier eignen sich dazu.

AUSFÜHRUNG
Beim Zeichnen und Malen das Ei am besten mit einem Papiertaschentuch festhalten. Gegebenenfalls die Konturen des Motivs mit leichten Bleistiftstrichen vorzeichnen, ehe Sie mit dem Malen beginnen.

Viele Techniken sind dafür geeignet: Sie können die Eier mit Tusche und Feder, mit Pinsel und Aquarellfarbe oder mit Pastellstiften, die sich der Naturfarbe des Eies am besten anpassen, bemalen. Das fertig gemalte Ei sollten Sie in jedem Fall mit einer Schutzschicht überziehen (s. Seite 58).

ÖKO-TIP

Wählen Sie Aquarellfarben aus, die CE-ausgezeichnet sind !

ÖKO-TEST MAGAZIN

Eier mit rankenartigen Pflanzen in Aquarelltechnik bemalt

Alle drei Eier: In Krappwurzelsud in Schattierungen ganz schwach gefärbt. Die Farben: Die Brombeerranke, die Wicken und die wilden Heckenröschen wurden mit Aquarellfarben aufgemalt.

Scherenschnitt

Mit Scherenschnitten verzierte Eier sind vor allem in den Balkanstaaten verbreitet, besonders schöne Farbscherenschnitte kommen aus Polen.
Auch im Berner Oberland (Schweiz) gehören Scherenschnitte zur Volkskunst. Es werden vor allem großformatige, zarte Bilder geschnitten, die oft bäuerliche Motive zeigen.

MATERIAL
einseitig schwarzes Scherenschnittpapier
Origamipapier
Buntpapier
bunte Bänder

HILFSMITTEL
Scherenschnitt- oder Silhouettenschere, Leim, feiner Pinsel, weicher Bleistift, Federmesser, Pinzette, Lineal

Mit Enten- und Gänseeiern läßt sich dank der dickeren Schale gut arbeiten. Bei Verwendung von farbigen Eierschalen sollte der Kontrast des Scherenschnitts zur Eierschale stark genug sein, um die gewünschte Wirkung zu erzielen.

Es wird Scherenschnittpapier verwendet, welches einseitig schwarz gefärbt ist. Auch feine Buntpapiere oder Origamipapier sind geeignet. Im Handel sind spezielle Scherenschnitt- und Silhouettenscheren erhältlich, die lange Griffe und sehr spitze, kurze Schneiden besitzen. Aber auch die in der Kosmetik gebräuchlichen, sehr feinen Nagelhautscheren sind geeignet.

Glasklar trocknender Leim, ein weicher Bleistift und eventuell ein kleines Federmesser für Innenschnitte runden die Materialpalette ab.

AUSFÜHRUNG

Zeichnen

Eine klare, nicht unbedingt vollständige Skizze des gewünschten Motivs auf die Rückseite des Papiers zeichnen. Dabei beachten, daß alles auf der Vorderseite spiegelbildlich erscheint (besonders wichtig bei Buchstaben). Beginnen Sie mit einem kleinen Motiv, es paßt sich der runden Eiform besser an. Beim Auflegen eines größeren Stückes Papier werden Sie sofort sehen, daß sich dieses der Eiform nur durch Falten anpassen läßt. Wenn Sie genügend Übung haben, können Sie die Vorzeichnung so planen, daß diese Faltstellen abgeschnitten werden können.

Schneiden

Führen Sie immer zuerst die Innenschnitte aus und erst am Schluß die Gesamtumrisse. So erhält der Scherenschnitt vom umgebenden Papier genügend Stabilität. Bei besonders feinen Schnitten erst mit einer dünnen Nadel vorstechen, dann mit der Schere, sonst entstehen unter Umständen kleine Risse. Das Papier wird beim Schneiden gleichmäßig und nicht ruckartig in die Schere hineingedreht. Immer sauber in die Ecken schneiden, bis ein Stück von selbst herausfällt, aber nie herausreißen.

Aufkleben

Auf die Rückseite des Papiers sorgfältig mit einem feinen Pinsel klar trocknenden Leim auftragen. Der Leim sollte unbedingt glasklar trocknen, so daß überstehende Leimreste am fertigen Objekt nicht mehr zu sehen sind. Damit der Scherenschnitt besser haftet, muß die Eischale unbedingt fettfrei sein. Das Ei also vorher gründlich reinigen und abschmirgeln.

LÖWENZAHN UND MOHN, WEISSE GÄNSEEIER

Diese Feldblumen fristen eigentlich ein eher bescheidenes Dasein. Durch das Spiel mit Licht und Schatten und einige Farbtupfer wird daraus ein reizvoller Scherenschnitt.

KÄTZCHEN, WEISSES GÄNSEEI

Verwenden Sie feines, aber reißfestes, farbiges Papier, und arbeiten Sie mit einer scharfen, spitzen Schere: Mit ihr können Sie die feine Fellzeichnung gut herausarbeiten. Die rote Linie des Wollfadens kringelt sich um das ganze Ei. Den Rahmen bilden oben und unten Blumengirlanden.

STÖRCHE, WEISSES GÄNSEEI

Die zurückkehrenden Störche aus dem Süden und die blühenden Seerosen zeigen uns den Frühling an. Der Storch, von Natur aus schwarz-weiß, bietet sich als Scherenschnittmotiv an. Hier wurden mit Schnabel und Beinen aus rotem Papier Farbakzente gesetzt.
Das Ei wurde rundherum mit fliegenden Störchen und allerlei Wasserpflanzen verziert.

Ostertisch

Alle Eier auf diesem Ostertisch wurden in einem einzigen Farbbad (Krapp) gefärbt. Ein paar weiße Eier dazwischen bringen die Farben der anderen noch mehr zur Geltung.

Ein guter Tip zu Anfang: Es genügt, wenn Sie sich für eine einzige Farbe entscheiden. Durch ein unterschiedlich langes Verbleiben im Farbbad erhalten Sie viele verschiedene Farbtöne. Sie können Tischdecken, Geschirr, Servietten, Kerzen usw. farblich passend dazu aussuchen.

VORBEREITUNG

Schon viele Tage vor Ostern wird das Farbbad vorbereitet, damit die Feiertagsvorbereitungen nicht in Streß ausarten. Wer es allerdings versäumt hat, kann auch noch kurzfristig das Farbbad zubereiten. Hierzu wird die Farbe im Schnellkochtopf gekocht.
Wichtig: Bei Verzehreiern auf alle Zusätze verzichten.

☛ Verschenken Sie zu Ostern ein Körbchen voll naturgefärbter Eier, fügen Sie vielleicht ein paar Blumen in passender Farbe hinzu, oder setzen Sie ein Primeltöpfchen in die Mitte.

Osterleuchter

Der Osterleuchter wird in vielen Gebieten Osteuropas zur Osterzeit aufgestellt. Der Leuchter ist aus Birkenholz.

DIE FÄRBUNG DER EIER

Oberstes Ei:
In Mischung von Krappwurzel- und Faulbaumrindensud gefärbt.
Oberer Balken von links nach rechts:
In Mischung von Walnußblättersud und Stockrose gefärbt; in Mischung von Krappwurzel-, Zwiebelschalen- und wenig Faulbaumrindensud gefärbt.
Unterer Balken:
Alle Eier in Krappwurzelsud unterschiedlich gefärbt.
Unten von links nach rechts:
In Mischungen von Walnußsud und Stockrosensud gefärbt; in Krappwurzel- und Zwiebelschalensud kalt gefärbt; in Schafgarbensud gefärbt; in Kamillensud gefärbt; in Mate-Tee gefärbt.

Der Osterleuchter wurde selbst gebaut. Sie können ihn anhand der Abbildung leicht nachbauen.

☛ Die Eier können Sie auf Nägel stecken, deren Köpfe Sie vorher entfernt haben.

Osterkranz

Ein attraktiver Tür- oder Wandschmuck.

DIE FÄRBUNG DER EIER

Alle Eier wurden in Mischung von Zwiebelschalen- und wenig Stockrosensud gefärbt.

Die Kränze und das österliche Zubehör können Sie in Hobby-Fachgeschäften kaufen. Der Kranz auf der Abbildung wurde aus Birkenreisern selbst gebunden.

Osterbogen

Der "Friesische Weihnachtsbogen" wird hier zum Osterbogen umfunktioniert. Brot und Gebäck mit österlichen Motiven gehören, ebenso wie Buchsbaum, schon seit Jahrhunderten zum Osterfest.
Die Eier wurden hier mit Krappwurzel gefärbt und bemalt.

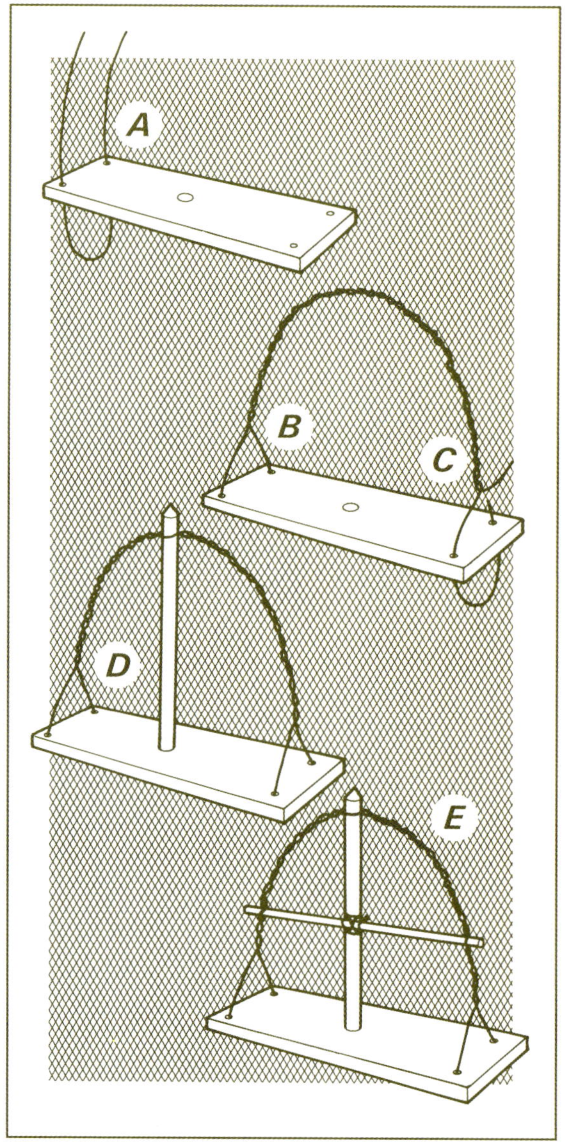

MATERIAL
1 Stück Sperrholz o. ä., ca. 12 x 44 cm, für den Boden, an den Seiten je zwei Löcher für den Draht, in der Mitte ein Loch Ø 1 cm für den Mittelstab,
1 Holzstab Ø 1 cm, 50 cm lang (senkrechter Mittelstab),
1 Holzstab Ø 0,2 cm, 50 cm lang (waagerechter Stab),
ca. 2,50 m ummantelter Bindedraht Ø 0,2 cm,
grüner Bindedraht 0,3 mm,
Buchsbaum

AUSFÜHRUNG
Den dicken Bindedraht durch zwei Löcher einer Seite des Bodens ziehen (A) und die beiden Enden gegeneinander verdrehen (B). Ein Ende durch die anderen beiden Löcher ziehen und mit dem zweiten Drahtende zusammendrehen (C). Den dicken Holzstab oben zwischen den Drahtsträngen hindurchführen und ins Mittelloch des Bodens einkleben (D). Den dünnen Holzstab seitwärts zwischen den Drahtsträngen hindurchführen und mit dünnem Bast oder Bindfaden an den Mittelstab binden (E).

Frühlingsblumen

Blühende Osternester

Wer auf den Frühling nicht länger warten will, kann der kalten Jahreszeit ein Schnippchen schlagen und den Lenz jetzt schon in die Wohnung locken. Der Blumenfachhandel bietet dafür eine riesige Palette Frühjahrsblüher an. In den Regalen stehen Tulpen in allen Farben, gefüllt und ungefüllt; daneben weiße und gelbe Osterglocken, groß- und kleinblütig, zum Teil verzweigt, mit und ohne Auge, gefüllt und ungefüllt. Ein wenig kleiner, mit prächtigen Blüten und intensivem Duft wachsen Hyazinthen.
Zwiebelblüher stehen zu dritt oder zu fünft im Blumentopf, nur selten allein. Das ist bei kleineren Gestaltungen nicht tragisch, denn Sie können sie vereinzeln. Besser jedoch ist es, sie beisammen zu lassen, wie sie gewachsen sind. Das erhält die Blütenpracht auch fürs nächste Jahr, denn das Wurzelwerk bleibt voll erhalten.
Im Reigen der Frühjahrszwiebelblüher sollten Sie die kleinen, die gerade 20 Zentimeter hoch werden, nicht vergessen. Dazu zählen Wildformen und großblumige Sorten des Krokus, Traubenhyazinthen, Muscari, Iris und Scilla. Zwischen den Zwiebeln bleibt Platz für zweijährige Pflanzen. Nehmen Sie Stiefmütterchen, Hornveilchen, Vergißmeinnicht und Tausendschön. Auch kleinere Stauden dürfen nicht fehlen. Besonders groß ist die Familie der Primeln mit kugeligem oder buschigem Outfit. Daneben finden Sie im Blumenfachhandel Steingartenpflanzen, die ebenfalls gut zu den Frühjahrsgesellen aussehen, wie beispielsweise die Küchenschelle und Saxifraga-Arten. Abwechslung in die Gestaltung bringen kleine Gehölze.
Bevor Sie aber richtig loslegen, benötigen Sie noch Pflanzgefäße. Mit Sicherheit finden Sie genug in Ihrem Fundus, denn zum Bepflanzen eignen sich alle Körbe, Schalen, Schüsseln, Kisten und Kästen, die schnell wieder auf Vordermann gebracht sind. Wir haben uns für Körbe und Kisten entschieden. Damit diese sicher im Zimmer stehen können, muß ein absolut wasserdichtes Innengefäß gesucht werden. Notfalls tut's auch eine wasserdichte Folie (z. B. eine alte Plastiktüte oder ein Müllsack). Testen Sie die Dichtigkeit vor der Bepflanzung mit Wasser. Bleibt es in dem Gefäß stehen, können Sie beginnen.

ÖKO-TIP

Wasserdichte Gefäße (Gebäckdosen, Schüsseln, Schalen usw.) sollten übers Jahr gesammelt und für diese Bastelzwecke verwendet werden. Wenn Sie Müllsäcke nehmen, achten Sie auf den „blauen Engel", der für recycelten Kunststoff steht.

ÖKO TEST MAGAZIN

ÖKO-TIP

Pflanzenreste können kompostiert werden !

ÖKO TEST MAGAZIN

Türkranz

MATERIAL
Kranz: Ginsteräste
Verzierung: Buchs und Strohbüschel
Dekoration: breites, naturfarbenes Juteband, Nest aus Weide mit Eiern, Osterschmuck

HILFSMITTEL
Rebschere, Wickeldraht

AUSFÜHRUNG
Die Ginsteräste zum Kranz biegen und die Enden mit Wickeldraht aneinander befestigen. Den Kranz zur Hälfte mit Buchs umwickeln. Dazu wird der Buchs an der Verbindungsstelle des Ginsterkranzes aufgelegt und fest angedrahtet. In der Folge weitere Zweige versetzt darüberlegen und mit dem Draht befestigen. Anschließend die vorgefertigten Stohbüschel auf den Buchs versetzt andrahten.
Die Ginsteräste mit Juteband locker umwickeln, zwei Schleifen anbringen und ebenfalls das Band zum Aufhängen. Mit einem Weidennest und verschiedenen Holzfiguren kann dieser Kranz noch zusätzlich dekoriert werden.

Weizennest

MATERIAL
Korb, wasserdichtes Gefäß oder alte Plastiktüte, Kies, Blumenerde (Einheitserde), Weizen oder auch Gerste (Saatgut)
Verzierung: Leinenband, Eier im Weidennest, Osterschmuck

Eine einfache und preiswerte Geschenkidee. Die Dekoration mit Bändern, Eiern und Holztieren ist betont schlicht gehalten. Das Körbchen eignet sich auch als Tischschmuck, es braucht wenig Platz.

AUSFÜHRUNG
In das wasserdichte Pflanzgefäß oder direkt in den mit einer alten Plastiktüte ausgeschlagenen Korb wird eine Drainageschicht aus drei bis fünf Zentimeter Kies eingefüllt. Darauf kommt bis knapp unter den Korbrand Blumenerde. Die Samen dicht aussäen, festdrücken und gut angießen. Den Korb an einen Fensterplatz stellen und regelmäßig drehen und gießen. Nach etwa 14 Tagen hat sich ein dichter, grüner Pelz gebildet.
Jetzt kann der Korb geschmückt werden. Gut eignen sich kleine Eier in Nestern aus Weide.
Zusätzlich wurde hier der Korb mit geschnitzten Küken und einem Hasen verziert. Dekorativ wirkt die grobe Leinenschleife.

ÖKO-TIP
Achten Sie beim Kauf der Blumenerde auf die angegebene Zusammensetzung. Wählen Sie Produkte mit einem Torfanteil von höchstens 50 % oder noch besser Rindenerde, die aus Rindenhumus und Kompost besteht.

ÖKOTEST MAGAZIN

Frühlingsblumen-Gesteck im Korb

MATERIAL
Korb, Keramikschüssel, Heu oder Stroh, Blumenigel aus Metall (Gärtnerei oder Florist), Kies
Blumen: Tulpen, Mini-Traubenhyazinthen, Narzissen
Verzierung: Buchs, Kornusäste

AUSFÜHRUNG
Um den Korb vor Nässe zu schützen, dient eine Keramikschüssel als Einsatz. Die Zwischenräume mit Heu oder Stroh auspolstern. Den Blumenigel in die Schüssel einsetzen. Kies verschafft ihm den notwendigen Halt. Das Gesteck aus Blumen und Ästen arrangieren. Wird regelmäßig Wasser in die Schüssel gefüllt, hält sich das Gesteck mehrere Tage.

Ostergarten

MATERIAL
Obst- oder Gemüsekiste, Müllsack, Blumenerde (Einheitserde), Kies
Pflanzen: Osterglocken, Hortensien, Primeln, Mini-Traubenhyazinthen, Hyazinthen, Heu
Dekoration: blaue Papierschleife, Eier, Osterschmuck

AUSFÜHRUNG
Die Kiste mit dem Müllsack ausschlagen. Dabei muß beachtet werden, daß die Plastikfolie bis zum oberen Rand der Seitenkanten reicht. Um Staunässe zu vermeiden, füllt man abwechselnd jeweils eine Drainageschicht Kies, Erde, Kies ein. Anschließend die Kiste bepflanzen. Zur Dekoration werden Heubüschel locker zwischen den Pflanzen verteilt. Den letzten Schliff erhält die Kiste mit dem breiten, blauen Schleifenband. Wer mag, kann den Ostergarten noch zusätzlich mit Eiern und Osterschmuck dekorieren.

Bambuskorb

MATERIAL

Korb, getrocknete Bambusblätter, wasserdichtes Gefäß oder alte Plastiktüte, Blumenerde (Einheitserde), Kies
Blumen: Narzissen, Pieris (Zierstrauch aus der Verwandtschaft der Rosmarinheide), Küchenschellen, Primeln,
Verzierung: Kornusäste, Heu
Dekoration: Eier, Osterschmuck

HILFSMITTEL

evtl. Wickeldraht

AUSFÜHRUNG

Der Korb wird mit den getrockneten Bambusblättern ummantelt. Die Blattenden werden Schicht um Schicht versetzt in das Flechtwerk des Korbes hineingesteckt, damit sie genügend Halt bekommen. Ist der ausgewählte Korb für diese Arbeitsweise ungeeignet, werden die Bambusblätter in kleinen Bündeln durch das Geflecht angedrahtet. Danach in das wasserdichte Pflanzgefäß oder in den mit einer alten Plastiktüte ausgekleideten Korb eine Drainageschicht von Kies, Erde und wieder Kies einstreuen. Mit der restlichen Erde auffüllen und die Pflanzen einsetzen. Kornusäste werden seitlich eingesteckt. Die Heubüschel so anbringen, daß sie etwas über den Korbrand herausragen. Eier und zwei Holzküken schmücken zusätzlich den Blumenkorb.

Mooskugeln

Moosarten sind in der Gärtnerei oder beim Floristen erhältlich. Sie werden dort gezüchtet. Moos darf nicht im Wald geerntet werden, da es bei uns unter Naturschutz steht.

MATERIAL
flache Schale
Füllung: Sphagnum-Arten (Sumpfmoos)
Ummantelung: Lappen-, kleines Gabelzahnmoos
Verzierung: Mooskrause, Korallenmoos (trägt im Frühjahr kleine rote Beeren), Bubiköpfchen oder andere niedrigwachsende Grünpflanzen (z. B. Efeu), Bärengras (Florist)
Dekoration: Murmeln, bunte Federn

HILFSMITTEL
Wickeldraht, Setzholz

ÖKO-TIP

Einige Wald- und Wiesenpflanzen (z. B. Moos, Weidenkätzchen, Silberdisteln), die gerne auch für Ostergestecke genommen werden, sind geschützt. Deshalb nicht abpflücken, sondern beim Gärtner kaufen !

ÖKO TEST MAGAZIN

AUSFÜHRUNG

Mit beiden Händen wird das Sumpfmoos zu gleichmäßig runden und festen Moosballen geformt.

Halt bekommt die Mooskugel mit Wickeldraht. Ist sie zu klein, wird nochmals eine Schicht Sumpfmoos darübergelegt und befestigt.

Mit dem Draht werden die großen Moosplatten auf der vorbereiteten Kugel festgewickelt.

Kleine Efeu- und Korallenmoos-Pflanzenteile pikiert man mit dem Setzholz in die Kugel.

Efeu und Korallenmoos können an einem nicht zu sonnigen Fenster gut auf Mooskugeln weiterwachsen. Tägliches Übersprühen und wöchentliches Gießen liefern ideale Wachstumsvoraussetzungen, und das Lappenmoos bleibt lange grün. Farbige Schalen sind nicht nur Schmuck, sondern schützen auch vor Wasserschäden.

Ein wenig extravagant, mit Wolle, Gräsern (Bärengras) und Wickelungen umgeben, präsentiert sich diese Kugel auf einer flachen, bordeauxfarbenen Blechschale.

Frühlings-Picknick

MATERIAL
Picknick-Korb, wasserdichtes Gefäß oder Müllsack, Blumenerde (Einheitserde), Kies
Pflanzen: Arrangement Ton-in-Ton aus Ranunkeln, Anemonen, verschiedene Primelarten

AUSFÜHRUNG
Für das untere Drittel des wasserdichten Pflanzgefäßes oder des mit dem Müllsack ausgeschlagenen Korbes wird eine Drainageschicht aus Kies benötigt. Auch Tonscherben eignen sich dafür. Falls Sie einen Müllsack benutzen, darauf achten, daß die Scherben beim Pflanzen die Plastikfolie nicht durchstoßen.
Auf die Drainage die Blumenerde füllen und bepflanzen.
Die Pflanzen wie folgt anordnen: Die am höchsten wachsenden von der Mitte aus ein wenig nach hinten verschoben pflanzen. Zum Rand hin werden kleinwüchsige Pflanzen gesetzt.

Mit einem Müllsack ausgekleidete Picknick-Korb. Drainageschicht aus Kie

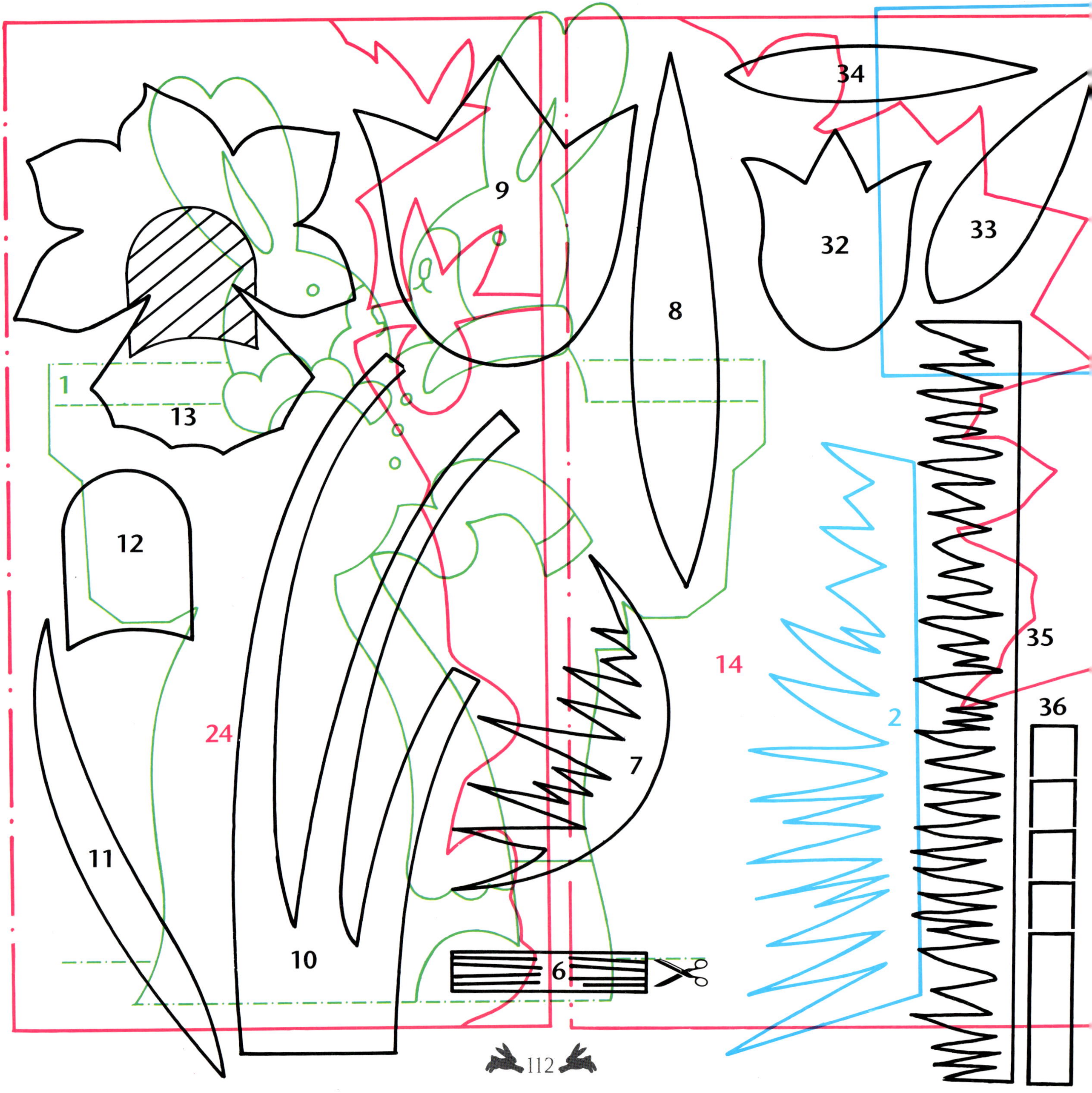
1
2
6
7
8
9
10
11
12
13
14
24
32
33
34
35
36

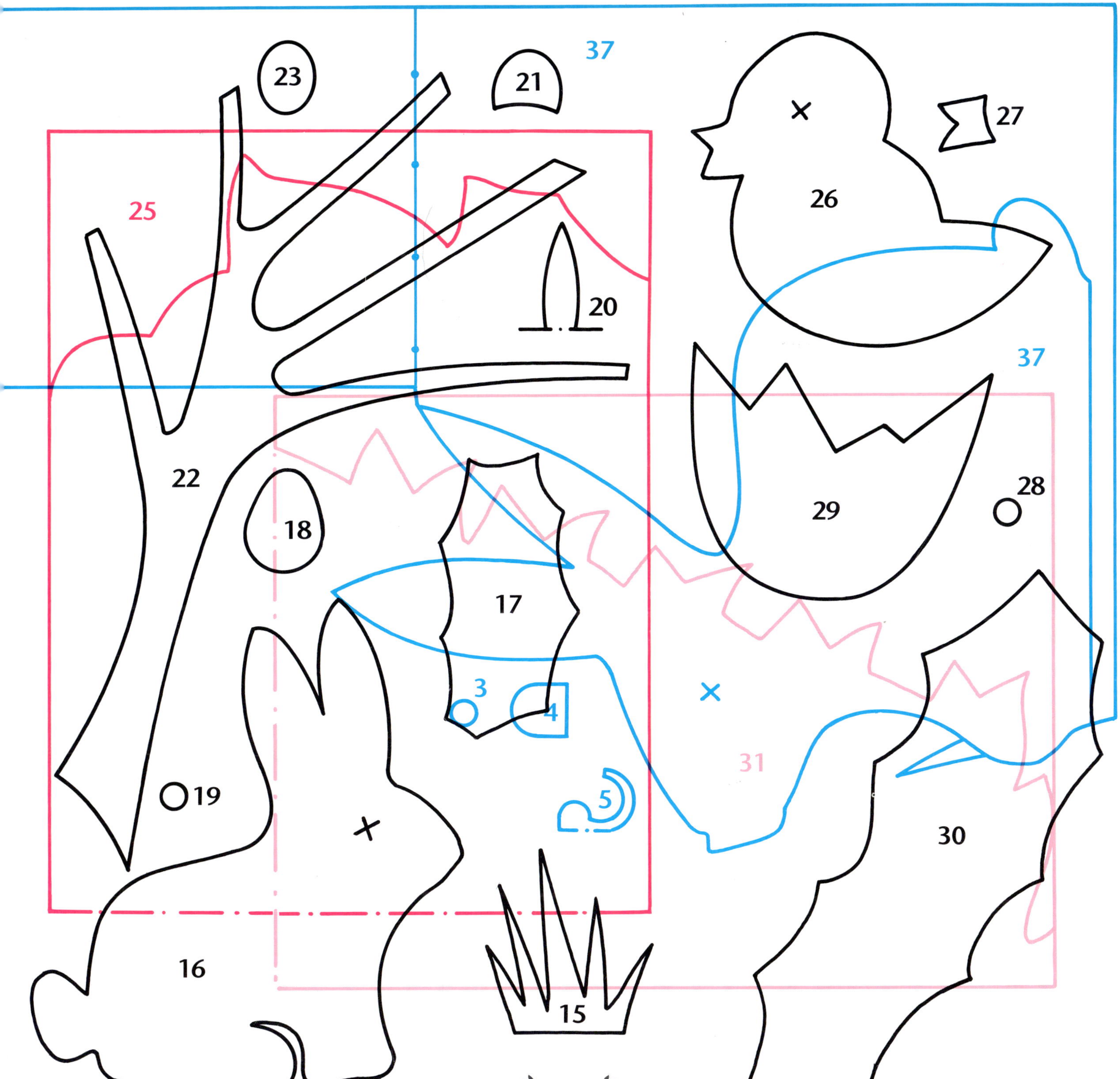
37
23
21
27
26
25
20
37
22
18
29
28
17
3
4
19
5
31
30
16
15

54
56
55
51
45
52
39
47
40
41
38
42
46
58

63
62a
64
62c
62b
61
57
60
59
49
43
50
53
44

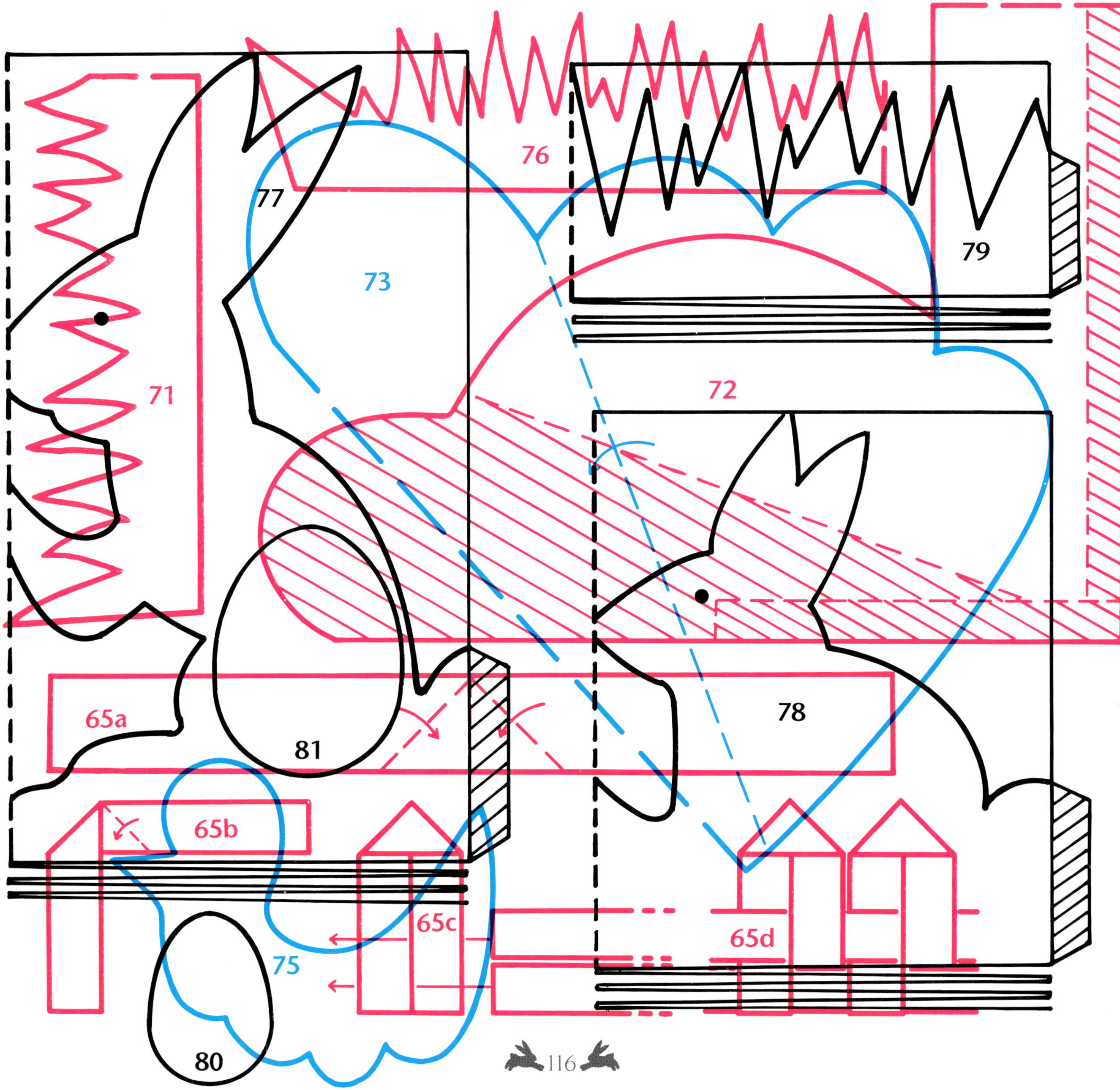
76
77
73
79
71
72
78
65a
81
65b
65c
65d
75
80

92
91
93
68
84
90
88
66
89
74
67
82
69
85
70
83
87
86

98
104
118
105
115
116
119
96
97
14
120
94
95

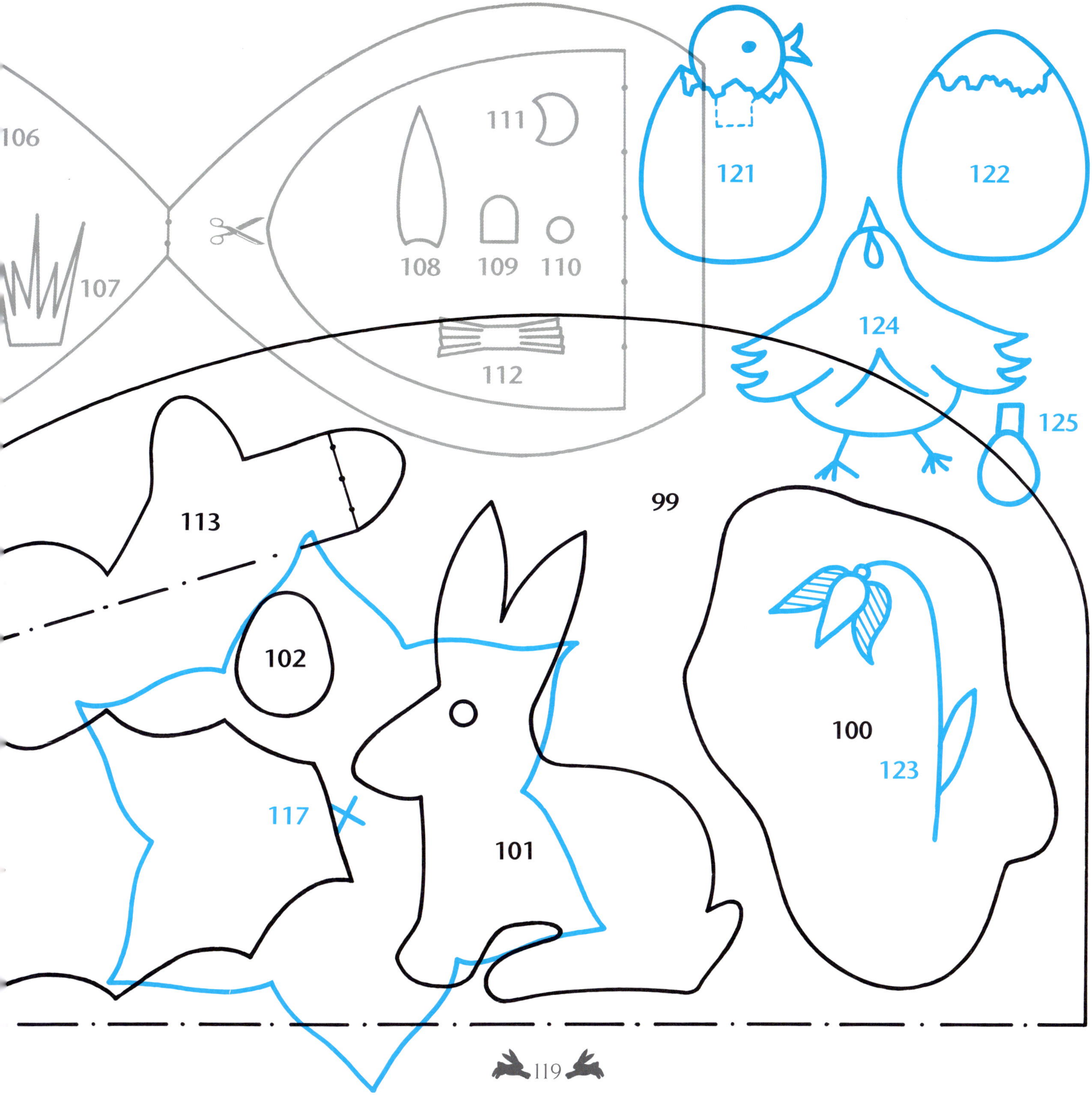
106
107
108
109
110
111
112
121
122
124
125
113
99
102
100
123
117
101

126
127
150
128
147
129
140
145
141
142

130
134
135
137
148
131
136
138
132
139
133
143
149
146
144
151

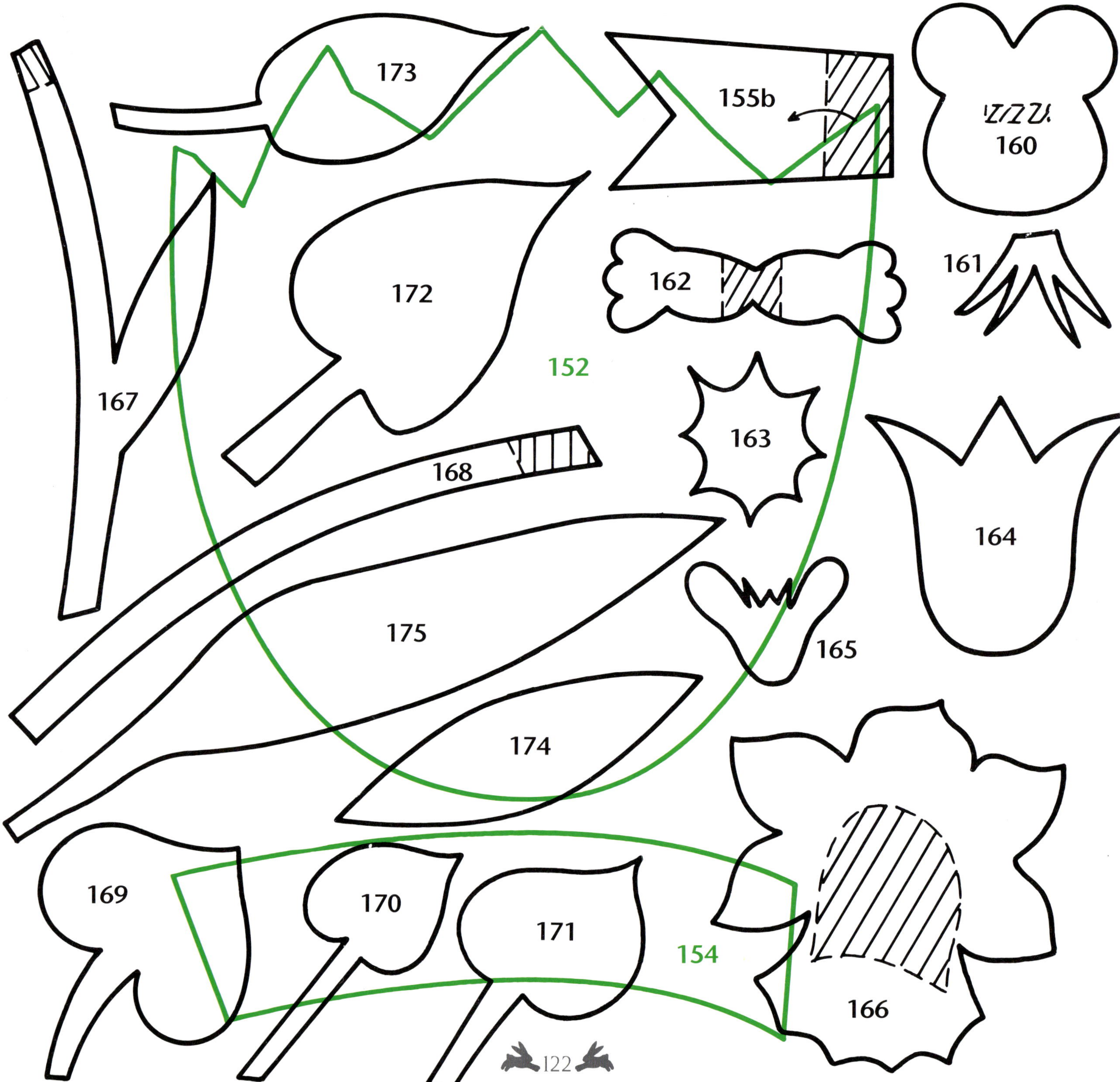
173
155b
160
172
161
162
152
167
163
168
164
175
165
174
169
170
171
154
166

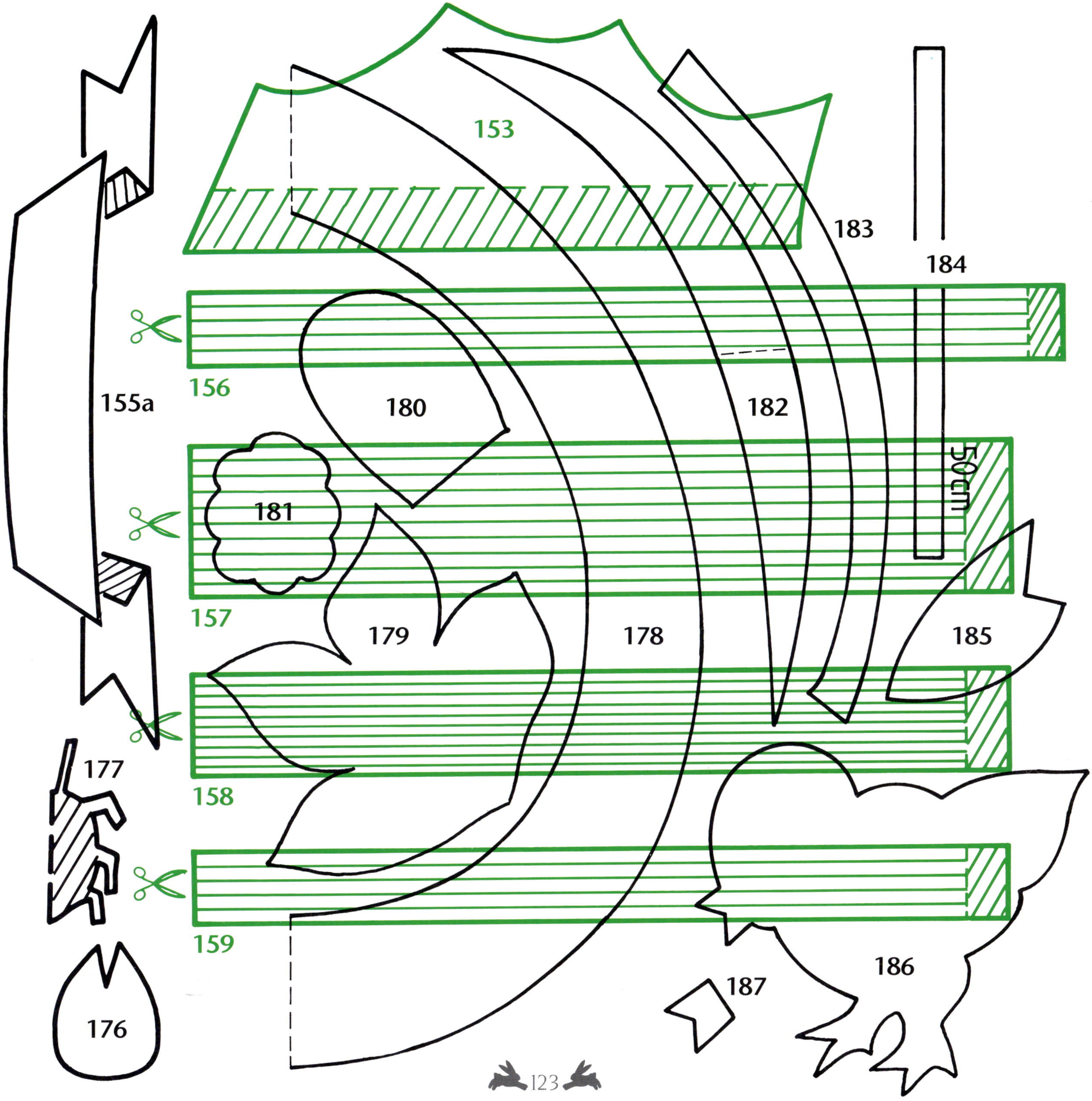

153
155a
156
157
158
159
176
177
178
179
180
181
182
183
184
50 cm
185
186
187

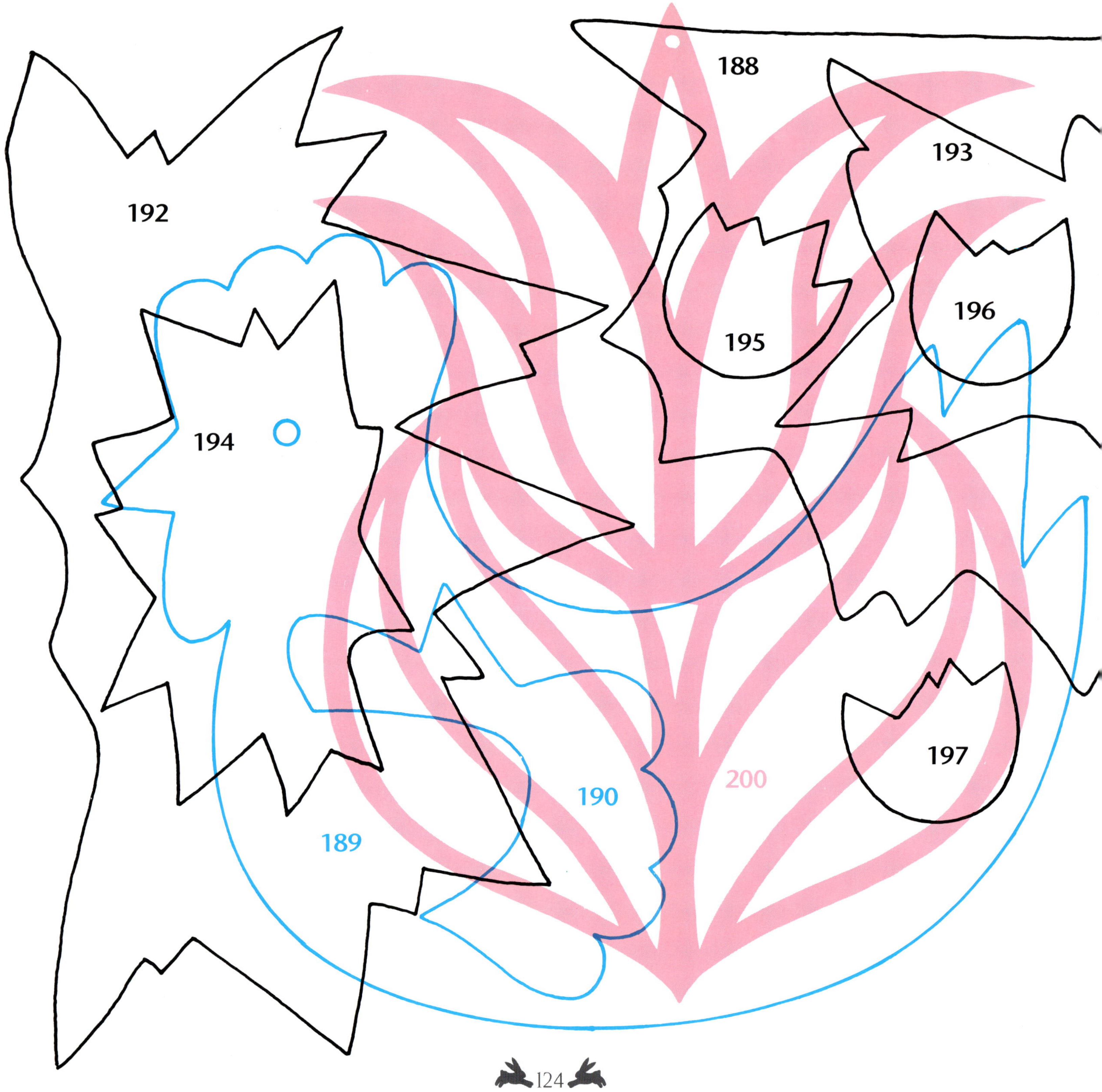
188
193
192
195
196
194
200
190
197
189

191
201
198
199

Autorenverzeichnis

Cornelia Benz, Seiten: 34 – 39
Doris Braschler, Seiten: 84, 85
Margarete und Herbert Glas, Seiten: 66 – 71, 78 – 83, 88, 89
Ruth Herrmann, Seiten: 96, 100, 102, 104, 106, 110
Rolf Jensen, Seiten: 12 – 15
Angela Jensen-Markhoff, Seiten: 44, 45
MEIN SCHÖNER GARTEN/Koristka, Seiten: 94, 107 – 109
MEIN SCHÖNER Garten/Koristka / Ruth Herrmann, Seite: 98
Ute Pohl, Seiten: 56 – 65
Heidi Puschmann, Seiten: 52, 53
Ursula Ritter, Seiten: 16 – 20, 22 – 33, 40 – 43, 47 – 51
Herta Rüdisühli, Seiten: 72 – 75
Eva Rüscher, Seiten: 21, 46
Maria Schneider, Seiten: 76, 77
Frauke Sinnwell, Seiten: 86, 87, 90, 91

Bildnachweis

Rolf Jensen, Seiten: 12 – 15
Roland Krieg, Seiten: 17, 29, 33, 35 – 39, 43
MEIN SCHÖNER GARTEN/Jarosch, Seiten: 98, 99
MEIN SCHÖNER GARTEN/Stork, Seiten: 92/93, 95, 97, 101, 103, 105, 107 – 111
Peter Nielsen, Seiten: Titelbild, 10/11, 54/55
Ulrike Schneiders: alle übrigen Fotos

Reinzeichnungen

Anne Marie Friedel, Seiten: 16, 28, 30, 34, 35, 42, 44, 80, 90
Rolf Jensen, Seite: 12
Heidi Puschmann, Seite: 52

ÖKO-TEST/Ökologische Verbraucherberatung e.V.
Postfach 90 07 66
60447 Frankfurt a. M.
Tel.: 0 69 / 97 77 71 19

Lizenzausgabe für Gondrom Verlag GmbH, Bindlach 1997

ISBN 3-8112-1436-5